历代家教

美谈

本册编著◎刘　琦　刘建伟

吉林出版集团股份有限公司
全国百佳图书出版单位

吉林·长春

图书在版编目（CIP）数据

历代家教美谈 / 刘琦, 刘建伟编著. -- 长春 : 吉林出版集团股份有限公司, 2021.6（2023.9重印）

（中华美德与家教家风丛书）

ISBN 978-7-5581-9358-3

Ⅰ. ①历… Ⅱ. ①刘… ②刘… Ⅲ. ①家庭道德—中国—通俗读物 Ⅳ. ①B823.1-49

中国版本图书馆CIP数据核字(2020)第216365号

LIDAI JIAJIAO MEI TAN

历代家教美谈

丛书主编	徐　潜	
编　著	刘　琦　刘建伟	
责任编辑	杨　爽	
装帧设计	李　鑫	

出　版　吉林出版集团股份有限公司
发　行　吉林出版集团社科图书有限公司
地　址　吉林省长春市南关区福祉大路5788号　邮编：130118
印　刷　山东新华印务有限公司
电　话　0431-81629711（总编办）
抖 音 号　吉林出版集团社科图书有限公司　37009026326

开　本　710 mm×1000 mm　1 / 16
印　张　14.75
字　数　200 千
版　次　2021年6月第1版
印　次　2023年9月第2次印刷

书　号　ISBN 978-7-5581-9358-3
定　价　48.00 元

如有印装质量问题，请与市场营销中心联系调换。0431-81629729

前　言

　　人们常说：父母是孩子的第一任老师，也是孩子终身的老师。
这句话就是从家庭教育的层面上说的。任何一个人从小到大，或多或
少，或好或坏，都会受到来自父母和家庭的教育，无论这种教育是自
觉的，还是不自觉的，都会深入骨髓，留在下一代的生命中，以至于
代代相传，进化成某一个家族的文化特征。从这个角度来看，家庭教
育既是一种社会的文化活动，也是一种生命的进化活动。如果我们把
审视家庭教育的目光，从某个家庭扩展到整个社会，乃至整个民族，
就会豁然惊叹，家庭教育会通过无数个小小的家庭，使整个社会蔚然
成风，使整个民族蔚为大观。

　　大家都说，中华文化源远流长，但谁也说不清楚，这股文化的
清流，是如何穿过几千年的历史流淌至今。经历王朝的更迭、世事的
变迁、外族的入侵，自家的洗劫，然而，中华文化的洪流从没有被阻
断。为什么？因为在崇山峻岭的每条小溪里，都流淌着涓涓细流。可
以毫不夸张地说，没有无数家庭教育的细流，就没有中华文化的江
河；就像人没有毛细血管，四肢就会坏死一样。

　　无数事例证明，历代圣贤先哲、仁人志士都接受过良好的家庭文
化熏陶和教育，大到进德修身，小到行为举止，都对其一生产生了至
关重要的影响。有的甚至是几代、十几代，形成了优良的风气，或富
贵扬名，或诗书传家，善行美德不绝于世，为后人所传颂。

　　正因为这个原因，我们希望从中国历代家庭教育的成功案例中，
梳理脉络、汲取营养，补当今家庭教育之短。在我们看来，中国历代

的家庭教育，与同时代的社会教育相比，有着自己的特点：

一是具有内容上的复杂性和丰富性。既有精英文化的孔孟之道，也有许多民俗文化的内容。只要不在学校，长辈就是老师，对孩子的教育既是随机的，又是具体情境下的，常常是遭遇事情、解决问题式的教育，所以有针对性，不像课堂讲课那样，有固定的内容和规范的思路。孟母三迁、曾子杀猪、《朱子格言》《曾国藩家书》，都是如此。可见这些家庭教育的内容，是既丰富又深刻的。

二是教育方式更灵活，更直接，更碎片化，甚至深入具体的生活细节当中。对于家庭教育的双方来说，师生共同生活在一个环境中，或者是一个大家族的环境中，朝夕相处，彼此熟悉了解，有亲情，也有尊卑，因此教育中可以谈心、开导，也可以训话、呵斥，甚至威胁、惩罚也是常有的。比如《颜氏家训》《温公家范》《袁氏世范》就是谆谆教诲，侃侃而谈。《康熙庭训》、"陶母封坛责子"就是正襟危坐，严肃训导。而"包拯家训"和"李勣临终教子"语气之坚毅、手段之严厉，不会出现在现场教学中。又比如古今很多教子的场景都是在病榻之前、临终之时，给受教育者以刻骨铭心的记忆，这也是学校教育所不具备的。

三是家庭教育更具有言传身教、双管齐下的特质，甚至身教重于言传。家庭教育与其说是教导出来的，不如说是熏陶出来的。很难想象一个贪婪凶残的父亲，能"教育"出廉洁无私的孩子。一个刁钻狠毒的母亲，很大程度上会带出刻薄尖酸的孩子。然而，任何人都会有缺点，历代的仁人君子都善于在子孙面前约束自己，以正其身。司马光在《家范》中讲陈亢向孔子学习的故事，人们不仅知道了《诗》《礼》的价值，更明白了与子女相处不能过于随意、要遵循礼仪的道理。

四是早教。早教是历代家训的话题，或许中国古时候，除了帝王皇室或达官贵人，鲜有幼儿园的教育机构，所以先贤们无不认为，孩子应该进行早教。《颜氏家训·教子》引孔子的话"少成若天性，习惯如自然"，意思是说：小的时候觉得本应如此，长大后就习惯成自然，也就是说人如果养成不好的习惯就难以改正了。所以，颜之推引俗谚曰"教妇初来，教儿婴孩"，意思是说：教育媳妇，刚嫁过来就开始；教育孩子，刚生下来就开始。这话说得一点儿没错。其实，早教的意思很丰富。孩子一生下来就着手教育，甚至胎教，那是早教；而发现孩子有了不好的习惯，犯了错误，及时纠正，也是早教。后者甚至更重要。

五是责任。孔子曰："子不教，父之过。"所以先人很有"我的孩子，我不教谁教"的责任感。看到那些家书、家训、家规和数不胜数的家教事迹，任何人都不能不为之感动。当今的家长送孩子到各种学校学文化、学知识，美其名曰"专业的事，交给专业的人"。这并没有错，但你是孩子的父母，要知道，好孩子都是父母教出来的。父母不能只注重做保姆、保镖的工作，更要注重教育，这是责无旁贷的责任与义务。

《历代家教美谈》是一部家庭教育成功做法和经验总结的故事读本，通过大量历代家书、家训、家规和家风的故事，对历史名人的成功家教、仁人志士的成长历程做了梳理和归纳，为今天的家长提供了丰富的家教素材和成功案例。故事生动、语言流畅，既是青少年最佳的睡前故事，也是难得的家庭教育读本。由于眼界所限，能力不足，难免偏颇，欢迎读者批评指正。

编著者

2021年5月

目 录

一、孔子母亲的音乐教子

音乐作为一种艺术形式，对儿童的感染力是深入心灵的。但是，音乐教育法不可简单复制，而要因人而异，因材施教，尊重孩子的个性。忽略了孩子的天性，任何一种教育方式都是徒劳的，还可能毁掉一个孩子。

孔子有一个知书达理、懂音乐、懂教育的母亲。在孔子小的时候，他的母亲就买来好些乐器弹奏给孔子听，教孔子学。经常是母亲亲自给他弹奏，有时也请来老师教孔子学，并督促孔子练习弹奏。邻居们经常听到他家传出来的琴声，忍不住好奇地问他母亲："孩子这么小，能听得懂吗？"母亲回答说："正因为他还小，才让他经常听，不断地学，这样他就会渐渐地听懂，渐渐地学会，慢慢地他就会喜欢了。"母亲还说："乐器也是一种礼器，礼器讲究的是礼仪与规矩，没有规矩，就不成方圆；音乐讲究的是章法，没有章法，就演奏不出和谐的乐章。章法与规矩，同出一辙，殊途同归。如果要想孩子懂礼仪，讲规矩，音乐的教育很重要。"

在母亲的引导教育下，孔子渐渐地喜欢上了音乐，学会了多种乐器，吹拉弹唱样样精通。随着年龄的增长和学问的提高，孔子已经把音乐提升到了礼仪的高度，从音乐中领悟了许多人生的道理和做事的规则，还有治理社会的方法。孔子长大以后，很重视人格的修养和道德品质的教育。他常说："品德不能修养，学问不求领会，听到义却不能身体力行，有缺点不能改正，这是我忧虑的。"作为老师，他很注重六艺的教育。他说："志于道，据于德，依于仁，游于六艺。"教育学生，要立志求道，立足于德，做事靠仁，游乐于礼、乐、射、御、书、数六艺中。孔子把音乐作为六艺的重要内容，这就极大地肯定了音乐对人所具有的教化作用。

《论语·述而》记载："子在齐闻《韶》，三月不知肉味。曰：不图为乐之至于斯也！"意思是：孔子在齐国听到《韶》这种乐曲后，很长时间内即使吃肉也感觉不到肉的滋味，他感叹道："没想到音乐欣赏竟然能达到这样的境界！"《韶》乐是赞美舜的乐章，是当时的经典古乐。孔子听了《韶》乐以后，在很长的时间内都品尝不出肉的滋味，这当然是一种夸张的说法，但是这也说明孔子的音乐素养很高，对于音乐的感悟很深，说明音乐具有很强的教化作用，具有穿越时空的感召力，可以直接作用于心灵，修养心性。

有一次孔子向鲁国的乐官师襄学琴，他弹了一首曲子，一连弹了十日都不换，师襄建议他换一首曲子，孔子说："我虽然熟悉了这个曲子，但还没有领悟到它的意蕴。"过了几天，师襄说："你弹得很好了，换一首曲子吧！"孔子说："我还没理解它的含义。"又过了几天，师襄有些不耐烦地说："你已经理解这首曲子的含义了，可以换一首了。"孔子说："我还没有想象出曲子里所描写的人物形象呢。"又过了几天，孔子终于放下琴，若有所思地向远方眺望，一会儿，他突然说："我看到了，音乐里的这个人高大而且皮肤黝黑，目光炯炯有神，颇有统一四方之志，他就是周文王！"师襄听了，惊呼道："哎呀，这个曲名就叫《文王操》呀！"

孔子对音乐的领悟能力不断提高，他在音乐的旋律中不仅能悟出许多深刻的道理，还熟练地掌握了音乐本身的规律。他对鲁国太师说："乐其可知也：始作，翕如也；从之，纯如也，皦如也，绎如也，以成。"意思是说："音乐的规律是可以掌握的，开始的时候要协调，接下来演奏，五音可以达到精粹，节奏逐渐明晰，继而音律不绝，一首曲子就完成了！"孔子认为音律协调了，就能演奏出悦耳的乐章。

后来孔子整理了"六经"之一的《乐经》。从音乐中，孔子悟出了德政与做人的道理，那是孔子思想核心中的最高境界，其实质就是"爱人"，即建立一个人伦有序、重礼、融洽、和谐的社会，所以他提倡以德治国。与德政思想相适应，孔子还提出了一系列有关人生道德修养的论点和见解，孔子认为，"仁"的实现要通过礼来达到，"克己复礼为仁"。克己，既是人修身养性，培养高尚操守的过程，也是实现仁的途径。因此，克己，就是克制自己的私欲，使自己的行为符合"礼"的规范。

颜渊问仁，子曰："克己复礼为仁。一日克己复礼，天下归仁焉。为仁由己，而由人乎哉？"颜渊曰："请问其目。"子曰："非礼勿视，非礼勿听，非礼勿言，非礼勿动。"颜渊曰："回虽不敏，请事斯语矣。"

——《论语·颜渊》

颜渊问怎样做才是仁。孔子说："克制自己的私欲，符合礼仪的标准去做，这就是仁。一旦这样做了，天下的一切就都归于仁了。实行仁德，完全在于自己，难道还在于别人吗？"颜渊说："请问实行仁的条目。"孔子说："不合于礼的不要看，不合于礼的不要听，不合于礼的不要说，不合于礼的不要做。"颜渊说："我虽然愚笨，也要照您的这些话去做。"

在《论语》里，孔子提出了一系列人的行为准则和规范，来说明这个道理。如"孝悌""忠恕""恭""宽""信""敏""惠"等内容，由"修己"达到"崇德"，最后成为尽善尽美的理想中的君子、贤者、圣人。后来孔子创立了儒家学说，这些都成为儒家学说的重要内容，也是我们今天要弘扬的中华传统文化的一部分。

孔子母亲对儿子的音乐启迪教育是非常成功的；音乐作为一种艺术形式，对儿童的感染力是深入心灵的。通过学习音乐来陶冶孩子的性情，使其通过音律之间的和谐关系，来理解人与社会、人与人之间的关系，是一种非常有效而又别具一格的好方法。孔子母亲因为教子有方，被称为"圣母"。

但是，用音乐教育的方法不是简单的复制，而是要因人而异，对孩子的期望值也要根据孩子的兴趣爱好和特点来定位，要正视现实，并不是所有音乐教育都能使孩子成为音乐家或者政治家。因此，考虑孩子的培养规划要注意以下两点：

一是学孔子的母亲，从小就对孩子给予音乐熏陶。或者每天带孩子听音乐，这个阶段的音乐教育不必带有强烈的目的性，主要培养孩子的兴趣爱好，培养孩子对音乐的感受力和领悟能力，通过音乐的旋律来培养孩子的想象力，激发孩子的艺术潜能和天赋。如果孩子具有音乐的天赋和艺术潜质，在日常的音乐熏陶下自然会显现出来，那时就可以有针对性地进行培养和专业教育了。如果孩子没有显现出来特殊的音乐天赋，那就把音乐的熏陶教育作为对孩子进行素质教育的一部分内容，培养孩子的艺术文化修养，作为业余的兴趣爱好，丰富孩子的生活，由此来提升孩子的艺术气质和综合素质。孔子的成长是一个素质教育的典范，母亲的音乐教育并没有使他成为音乐家，但却培养了他的综合素质，使他成为品德高尚、睿智的圣人，他的思想和以他为代表的儒家学说对于人类来说具有永恒的价值。

音乐教育实际上是一种以人为本、寓教于乐的教育方式。古人云：“乐则生矣。学至于乐，则自不已，故进也。”寓教于乐的音乐教育是生动活泼的，而且是愉快的。伟大的革命家李大钊就很善于教育孩子，他家堂屋的墙上挂着一幅画，画面是一

位抱着琵琶演奏的少女和一群围绕着少女的小动物，有孔雀、仙鹤等。李大钊很喜欢这幅画，他对孩子们说："你们看，音乐的吸引力有多大呀！你们看这个少女的琵琶声吸引了这么多的动物，它们都为这美妙的音乐而陶醉。"于是他经常教孩子们唱歌，一边唱歌，一边讲解歌词的内容。为此他还特意买了一台旧风琴，他弹琴，孩子们唱歌，在愉快轻松的气氛中，李大钊教会了孩子们唱《国际歌》《少年先锋队队歌》等革命歌曲，使孩子们从小就具有了爱国主义精神。

二是学孔子的教育方法，因材施教。这是孔子提倡并实行的非常科学并行之有效的教育方法，不仅适用于学校老师的教育，即使在家庭教育中也是很实用的。所谓的"材"就是孩子的兴趣爱好和特长。现在很多家长都希望自己的孩子能成才，至于成什么样的才，怎样成才，则很迷惘。因此就跟风，无论孩子有没有兴趣，一定要让孩子学钢琴或者绘画、书法等，特别想把孩子培养成钢琴家或者画家、书法家。其实，忽略了孩子的天性，任何一种教育方式都是徒劳的，还很可能毁掉一个孩子。诺贝尔化学奖的获得者奥托·瓦拉赫的成长经历，就有力地证明了这一点。瓦拉赫在上中学的时候，他的父母让他选择学文学，可是一个学期之后，老师给他写下了这样一条评语："瓦拉赫很用功，但过分拘泥，这样的人即使有完美的品德，也不可能在文学上发挥出来。"父亲只好尊重老师的建议，让他学油画。可是绘画老师的评语更让他们绝望，老师说："你是绘画艺术方面的不可造就的人才。"这时化学老师看到他做事一丝不苟，建议他学习化学。父母采纳了化学老师的建议，瓦拉赫的潜能一下子被激发出来，成为化学方面的人才。

　　著名艺术大师梅兰芳的教子事例也堪称因材施教的典型。在戏剧界，多数家庭都是子承父业，但是梅兰芳却没有这样做。他有四个孩子，他充分尊重孩子的特点和个性，他的大儿子梅葆琛性格稳重，善于思考，梅兰芳便给他提供了理工科的发展条件，梅葆琛后来成为著名的建筑师。次子梅绍武聪明伶俐，富于形象思维，梅兰芳在抗战时期送他去美国学文学，后来梅绍武成为著名的翻译家。女儿梅葆玥端庄贤淑，温文尔雅，梅兰芳就鼓励她当一名大学老师，后来她改行成为一名京剧演员。梅兰芳最喜欢的小儿子梅葆玖从小就具有艺术家的气质和天赋，梅兰芳便培养他成为梅派艺术的传人，一个独具魅力的表演艺术家。梅兰芳先生的教子经验就是：因材施教，尊重孩子的个性。用他自己的话说："尊重孩子就像尊重观众一样！"

二、孔夫子教子

> 因材施教，根据孩子的学习状况和接受能力来"点拨"。要"点"在关键处，切合孩子的接受能力；"拨"要简明扼要，不用过多强调，也不用反复去说。

孔子，名丘，字仲尼，春秋末年鲁国人，是中国历史上第一位伟大的教育家。他三岁时父亲去世，和母亲过着贫寒的生活。后来孔子在家乡创办学校。他招收学生不拘一格，不论年龄大小，不论出身贫苦与富贵，只要登门求学，他都接受，并进行教育。教育学生，他有一套自己的理论，他认为人生下来智商都差不多，只是后天所受的教育不同而使每个人有差异。按照他的话说就是："性相近也，习相远也。"所以孔子主张"有教无类""因材施教"。就是教育不分贫富、贵贱、聪明和愚笨，种族和地区，谁都可以接受教育。每个人都应该受到教育。"因材施教"就是根据每一个学生的特点分别用不同的方法进行教育。

孔子一生从事教育事业四十多年，培养出来的学生大约两千多人。其中有七十二位高才生被誉为"七十二贤能"。他所教的课程主要是《诗》《书》，仁、义、礼、智、信、孝悌等。

孔子的儿子伯鱼也是孔子的学生，有的学生怀疑孔子会给儿特殊的待遇，也就是与其他学生不同的教育。一天，有一个叫陈亢的学生遇见伯鱼，问伯鱼："子亦有异闻乎？"对曰："未也。尝独立，鲤趋而过庭。曰，学诗乎？对曰：未也。不学诗，无以言。鲤退而学诗。他日，又独立，鲤趋而过庭，曰：学礼乎？对曰：未也。不学礼，无以立。鲤退而学礼。闻斯二者。"陈亢退而喜曰："问一得三，闻诗，闻礼，又闻君子之远其子也。"

这段对话的意思是：陈亢问孔子的儿子伯鱼，你在你父亲那里听到有与别人不同的教诲吗？伯鱼回答说："没有啊。有一天，我父亲一个人站在厅堂前，我快步从前厅走过，父亲问我道：你学《诗经》了吗？我回答说：没有。父亲说：不学《诗经》就不会有好的言辞。我马上就去学《诗经》了。还有一天，父亲又独自站在那里，我又从前厅经过，他问我，学礼了吗？我回答说：没有啊。他说：不学礼，不能树立自己的德行。我马上又去学礼了。我只听到这两件事。"陈亢退出来以后高兴地说："问一件事却有三个收获，知道了学《诗经》的意义；知道了学礼的意义；又知道了老师并不偏爱他的儿子。"

由这个故事可以看出孔子的人格修养和品德。作为教师，他对儿子的教育体现了他的平等待人、无私无隐、一视同仁的职业道德和高尚的思想境界。

从教育方法来说，孔子对儿子的教育采用的是一步一步的点拨，就是家长在引导孩子学习时，通过稍加指点、提示、引导的办法使孩子很快能领略其中的道理，从而自觉地付诸行动。这种点拨，不是强制和灌输。比如，孔子问儿子，你学诗了吗？你学礼了吗？这就是"点"。他只是点到为止，即提出问题。听了儿子的回答后，孔子说了"不学诗，无以言""不学礼，无以立"。这就是"拨"。

> 不学礼，无以立。
>
> ——《论语·季氏篇第十六》
>
> "礼"是中华民族的传统美德，从古至今，源远流长。孔子非常重视"礼"，认为不学礼，就不懂得立身做人的道理。荀子认为"人无礼则不生，事无礼则不成，国家无礼则不宁"。礼，既是行为的规范，也是社会和谐的重要内容。

　　孔子根据儿子的回答，向他解释，为什么要学诗。诗，即《诗经》，是孔子从所收集的民间流传的三千多首诗中删选出来的三百零五篇精华，所以称为《诗经》，也有人称《诗三百》。孔子认为《诗经》思想纯正，所以他教导学生学诗。他说：诗，可以把人的意志、情感、艺术想象力激发出来，可以以此来观察社会民俗与风情，可以对人民产生教育感化，达到彼此和谐的作用，可以借此表达对时事政治的见解，可以以此来孝敬父母，还可以从中多了解鸟兽草木的名称。所以，他要求学生和儿子学诗，但孔子没有和儿子说这么多学诗的意义，而只是说了一句"不学诗，无以言"。因为《诗经》是文学的经典，所以不学习《诗经》，就不能有高超的文学表达能力。训导抓住要害，简单扼要。

　　"不学礼，无以立"，也是如此。孔子所谓的"礼"，是指伦理规范，孔子认为无论是社会还是个人都必须有礼的制约，没有礼的制约，一切都会离经叛道，人就无法修身立足。但他对儿子也只是说了一句学礼的重要性。这两句话都点到了学习的关键之处，所以伯鱼心领神会，主动去学习了。

由此，我们家长对孩子学习的引导不妨根据孩子的学习状况和接受能力来"点拨"。要"点"在关键处，切合孩子的接受能力，不可将深奥的、超出孩子理解能力的问题拿出来。"拨"要简明扼要，只要孩子听得懂，不用过多强调，也不用反复去说，说得过多可能还会引起孩子的不耐烦，反而影响了他的自觉性。

三、言而有信——曾子杀猪

教育孩子要做到言而有信，说话算话。家长永远是孩子效仿的榜样，家长的以身作则是教育子女成功的保证。

曾子，名字叫曾参（shēn），又叫曾子舆，是春秋战国时期的著名学者，孔子的学生。曾被儒家称为"宗圣"。

曾子杀猪的故事广为流传。有一天，曾子的妻子要去集市，小儿子哭闹着也要跟着去，曾妻没办法，就哄儿子说："好乖乖，你别哭，在家等着，妈妈回来杀猪给你烧肉吃。"儿子听说有肉吃，就答应在家等妈妈。

曾子的妻子从集市上回来，见曾子在拿着绳子捆猪，旁边还放着一把雪亮的杀猪刀，正在准备杀猪。曾子的妻子一见慌了，急忙上前拦住曾子说："我刚才是哄孩子玩的，你还当真了？"

曾子语重心长地对妻子说："你要知道，小孩子是欺骗不得的。孩子小，不懂事，只会模仿父母的样子，听父母的教训。今天你欺骗他，就等于在教他说假话欺骗别人。再说，你今天如果骗了他，孩子就会觉得妈妈的话不可信，以后你说什么孩子都不会信了，你对孩子的教育也困难了。你说这猪该不该杀？"曾妻听了丈夫的一席话，后悔自己不该哄骗孩子，既然答应孩子杀猪给他肉吃，那就得说到做到。于是她和丈夫一起动手把猪杀了，给儿子做了一顿香喷喷的菜肴。

曾子和妻子兑现了自己的诺言，做到了言而有信，不仅赢得了儿子的信任，还直接感化了孩子。一天晚上，曾子的小儿子刚刚睡下，又突然起来，从枕头底下拿出一把竹简就往外跑。曾子问："这么晚了，你干什么去？"孩子说："这是我从朋友那里借来的书简，说好了今天还，再晚也得给送去。要言而有信。"曾子听了，笑着送孩子出了门。

曾子杀猪的故事教育意义很深刻，不仅在孩子心中树立了言而有信的榜样，同时也教育孩子要做讲信用、诚实的人。这个故事与"孟母买肉明不欺子"异曲同工。

孟子少时，东家杀豚，孟子问其母曰："邻家杀豚何为？"母曰："欲啖汝。"其母自悔而言，曰："吾怀妊是子，席不正不坐；割不正不食，胎教之也。今适有知而欺之，是教之不信也。"乃买东家之豚肉以食之，明不欺也。

——《韩诗外传》

孟子年幼的时候，看见邻家杀猪。孟子问他的母亲说："邻居家为什么杀猪？"孟母说："想给你吃呀。"刚说完孟母就后悔了，她对自己说："自从我怀了孟子以后，坐席摆得不端正我不坐，割肉不方正我不吃，就是为了对他进行胎教。现在孟子初识人事我就欺骗他，这是教他不讲信用啊。"于是孟母买了邻居家的肉煮熟了给孟子吃，证明她没有欺骗孟子。

曾子对自己要求很严格，在生活中也处处给孩子做榜样，做到了言传身教，他很注重自己的道德修养，与朋友交往也非常讲信用。他说："吾日三省吾身，为人谋而不忠乎？与朋友交而不信乎？传不习乎？"意思是我每天多次反省自己，为别人做事尽心竭力了吗？与朋友交往讲诚实守信用了吗？老师传授的知识按时温习了吗？这个"三省吾身"已经成为千百年来知识分子修身律己的格言。

曾子还是一个讲孝道的人，他小时候家里很穷，只靠母亲织布和种瓜维持生活。但是他以孝顺父母、尊敬长辈而闻名乡里。作为孔子的学生，这一点也深得孔子的赞赏。由此曾子也成为孩子心中仰慕的爸爸。

"曾子杀猪"的故事给我们的启迪是教育孩子要做到言而有信，说话算话。家长永远是孩子效仿的榜样，家长的以身作则是教育子女成功的保证。心理学家利希特曾经说过："对孩子来说，他一生中最重要的时期是童年时代。在这个时期，他开始通过和别人的交往给自己的生活增添色彩，效仿别人的生活。任何一个新上任的教师对孩子的影响都不会超过他的前任。如果我们把一个人的一生都当作受教育的过程，我们会发现：一个环球旅行家受的沿途各民族的影响远不及他孩童时期的保姆对他的影响。"

行为的模仿，也是潜移默化的性格养成的一个重要方面。家长的一言一行都是孩子效仿的内容。所以，家长的言必行、行必果是引导和培养孩子良好品质的一种方法。但是，对孩子履行承诺时，我们还要注意以下几点：

1. 对孩子的许诺一定要经过慎重选择和思考，切合实际；不能随意地脱口而出，一定是你可以办到的事，而且一定是有利于孩子身心健康成长的事。不能是勉强的，超出家长或家庭经济承受能力的事。

2．所许诺的一定是孩子感兴趣的，对孩子有诱惑力的，同时又可以提升孩子的品位和增长孩子见识的事情。或者可以满足孩子对饮食的要求，吃一次他特别喜欢吃的大餐。

3．所许诺的事情是孩子梦寐以求但又是健康的。所兑现的许诺能给孩子带来精神或者一定范围内的物质追求的满足。能使孩子感动或者感激的，能给他的人生留下难忘的记忆。这样的许诺就很有意义了。

四、孟母教子——择邻而居

家长首先要身体力行，养成好的学习习惯与生活习惯，注重自己的行为文明和品行修养，给孩子树立一个榜样。

孟母教子流传最广的就是三迁其居的故事。孟子，姓孟名轲，战国时期著名的思想家、教育家，被后世称为"亚圣"。孟子幼年丧父，他的母亲靠给人织布纺纱维持生活。孟子小时候很顽皮，不太喜欢读书。为了抚养他，他的母亲费了很多心思，吃了不少苦。

孟子小时候，家住在一所公墓附近，孟子经常看到殡葬死人的事，便和小朋友们经常玩着埋葬死人的游戏，有时还学送葬人的哭嚎声。孟子的母亲发现这样的环境对孟子的成长很不利，这样下去不仅会影响孟子的学习，还会影响孩子心灵的成长，于是孟母就把家搬到了另一个地方。不料这个地

方靠近集市，每天商贾们往来穿梭，络绎不绝。孟子又学起了商人做生意的游戏，对商人赚钱产生了浓厚的兴趣。孟母觉得这样对儿子的成长也不利，于是就又把家搬走了。这一次搬到了一所学校附近，不仅环境幽静，而且孟子每天看到的是学生往来，彼此文明礼貌地问候，听到的是学校传出来的琅琅读书声。于是孟子开始对学习产生了兴趣，开始学习诗书礼仪。孟母这才放心，觉得这才是有利于孩子成长的好地方，于是他们就在这个地方常住下来。

> 昔孟子少时，父早丧，母仉（zhǎng）氏守节。居住之所近于墓，孟子学为丧葬，躃（bì）踊痛哭之事。母曰："此非所以居子也。"乃去，遂迁居市旁，孟子又嬉为贾人炫卖之事，母曰："此又非所以居子也。"舍市，近于屠，学为买卖屠杀之事。母又曰："是亦非所以居子矣。"继而迁于学宫之旁。每月朔望，官员入文庙，行礼跪拜，揖（yī）让进退，孟子见了，一一习记。孟母曰："此真可以居子也。"遂居于此。
>
> ——刘向《列女传》

我国古代十分讲究礼制，家庭有礼，官府有礼，朝堂之上更要有礼，所以说中国是礼仪之邦。孟子小时候在学堂里，除了识字外，还要学习揖让进退，这些都是朝堂上的规矩，拱手姿势都有规定，不合礼制轻者斥责，重者处刑。

但是，一个孩子的成长不是一帆风顺、一蹴而就的；孟子十几岁的时候，曾经有一段时间读书不专心，贪玩，甚至逃学，母亲非常生气，也非常焦虑，在家里一边织布，一边琢磨，有什么好办法呢？母亲对着织布机想啊想，终于有主意了。一天，孟子没等放学又逃学回来了，母亲把孟子叫到织布机前，让他看着她织布。织了很长一段，突然，母亲拿起剪刀就把那长长的一段布剪断了。孟子惊愕地瞪大眼睛，一脸疑惑地看着母亲。孟母语重心长地说："你经常逃学，学习就会中途废掉，就像这块布，剪断了就半途而废了，什么用也没有了。一个人如果没有恒心，做事不能坚持到底，就会一事无成。你学业没成，中途逃学，就像眼前这块布，很可惜呀！"母亲的一席话深深触动了孟子，他一下子明白了母亲的良苦用心和读书学习的重要性。从此以后，他专心致志，努力学习，后来成为中国历史上著名的思想家、教育家。这就是孟母教子又一个著名的"刘织劝学"的故事。

孟母教子的故事还有很多。相传孟子小时候，有一天看见邻居在杀猪，就问母亲，邻居家为什么要杀猪呀？母亲脱口而出："杀猪给你吃肉呀！"话说出来母亲立刻后悔了，本来是随便说着玩的，可是孩子还小，会把这话当真，而自己说了不算，不等于说假话欺骗孩子吗？在孩子面前如果失去信用，孩子是会效仿的。想到这些，孟母就去邻居家真的买来了猪肉做给儿子吃。这是孟母教子中的"孟母买肉明不欺子"的故事。

孟母教子的这三个故事给了我们很多启示。

一是生活环境对孩子成长的影响至关重要。在孩子小的时候，他所接触的生活周边的一切都会给他带来潜移默化的影响，也就是俗话说的看什么学什么，跟什么人在一起学什么人。孟子天生聪慧，所以他接触到的就会模仿，如果母亲不及时搬家，那孟子会长成什么样就很难说了。这个故事后来演化为成语"择邻而居"。

当然，我们居住的条件有时候不太容易改善，有些家长就努力想办法把孩子送到一流学校去，这不仅是选择学校与老师、选择教学质量的问题，其实也是在选择孩子的同学，好学校的孩子相对要好一些，比较爱学习，懂礼貌，有教养，等等，这些对孩子的成长与学习都会产生良好的影响，是有益的。

这个故事还给了我们一个启示，那就是生活环境只是一个方面，家长的一言一行都对孩子有不小的影响。家长爱读书，孩子一定也爱读书，家长每天打麻将，孩子的学习可能就是很勉强的。所以，为了孩子的健康成长，家长首先要身体力行，养成好的学习习惯与生活习惯，注重自己的文明行为和品行修养，给孩子做一个榜样。

二是要培养孩子坚强的意志和执着的精神。孟母剪布的故事很生动，这是一种直观教育法，以生动的现实事物作比喻，让孩子亲眼看见什么是半途而废。无论是求学之路还是人生道路，都没有坦途，总会有各种各样想象不到的坎坷和困难，必须教会孩子坚定意志勇敢地面对，努力去克服，教会孩子接受挫折。

第三，就是家长要言而有信。这一点很多家长容易忽略。孩子小的时候，有时候为了应付孩子的要求，经常找一个理由把孩子搪塞过去，之后家长自己可能都忘了自己说过的话。还有些时候为了激励孩子学习或者让孩子做好某一件事，家长常常许诺，但却不能兑现，这是教育孩子的大忌。因为家长没有兑现承诺，孩子就认为家长是在骗他，以后他就会对父母所说的话或做的事产生怀疑，不再信任家长，那么家长的威信也就降低了。而且孩子也会学着说谎，这对孩子品德的培养教育很不利。

孟母并不是什么教育家，但她却懂得教育的方法与艺术，而且很注重言传身教。孟子能成为历史上千古留名的思想家和教育家，与他母亲的教育与影响是分不开的。

五、史官好家风——司马谈教子

> 司马迁的成功，源于父亲的教诲和影响。父亲从小让他师从名师诵读经典，带他游历四方开阔视野，对他言传身教，帮他立身励志，让他明白做一名史官，最重要的是忠实地记载历史，敢于坚持自己的独特见解，实事求是。

司马谈是我国古代著名史学家司马迁的父亲。汉武帝初年，司马谈任太史令。汉代的太史令主要掌管天文历法、占卜祭祀、编写史书，监管国家典籍等，是朝廷大臣。司马谈学识渊博，上知天文，下知地理，诸子百家无所不通，而且具有史学家的远见和胆识，在学术上敢于坚持自己的独特见解，实事求是。父亲的品格和严谨的治学精神深深影响了司马迁。

司马迁很小的时候，父亲司马谈就教育他如何立身做人，教他诵读先秦古文和经典文献，还让他拜当时的大学问家孔安国和董仲舒为师，学习《尚书》和《春秋》，激发司马迁学习和研究历史的兴趣。

司马迁二十岁时，父亲希望他也能成为一名史官，能具有广博的见识，便鼓励他去游历祖国的名山大川，探寻历史古迹，采集民俗民风和各种历史传说。于是，司马迁从长安出发，走遍了大半个中国，去了南阳，到了长沙和湘江，在汨罗江边，凭吊了屈原；在沅湘之滨的九嶷山，寻找了舜帝南巡驾崩所葬之地，故而后来《史记》中写道："舜南巡崩于苍梧之野，葬于江南九嶷。"在浙江会稽山考察了大禹治水的故地；在姑苏山探寻了当年吴越之争的古战场；他踏上齐鲁大地，收集了孔孟的言行轶事；他去过塞北燕山，目睹了万里长城的浩大，也搜集了秦始皇奴役百姓的残暴罪证；在汉高祖刘邦的故乡沛县，他了解了楚汉之争的史实。这些经历与历史事件激发了司马迁的爱国热忱，并成为他后来著述《史记》的内容。

公元前110年，正值汉武帝去泰山举行封禅大典，司马谈病重，这时司马迁正好从南方归来，见到生命垂危的父亲，泪如雨下，他跪在父亲病榻前。司马谈老泪纵横，拉着儿子的手说："我们家从周朝起，世世代代都是史官，子承父业，我死以后，你一定要继续当太史令，继承我们祖辈的事业呀！"司马迁流着泪连连点头。司马谈强打精神继续说道："孔子死后已经有四百多年了，可是诸侯争霸，相互兼并，历史的记载也中断了。现在汉室兴盛，海内一统，可是我却不能把这段历史记载下来，荒废了天下文章，我心里不安啊！你要把我想写的史书写出来呀！"司马迁泣不成声地说："儿虽不才，但一定会遵照父亲的嘱托，把史书写出来，您老就放心吧！"司马谈听到儿子的这句话，放心地闭上了眼睛。

司马谈去世的第三年，朝廷任命司马迁为太史令，从此他开始收集整理国家的藏书和历史资料，为写《史记》做准备。可是就在这时，司马迁遭遇一场横祸：当年，汉代大将军李陵率五千步兵出征抵御八万匈奴入侵，两军战于浚稽山，终因寡不敌众而兵败投降。汉武帝大怒，要夷灭李陵三族。司马迁认为这对李陵不公，李陵是不得已而投降，于是便上书汉武帝，为李陵辩解。汉武帝一怒之下，将司马迁逮捕入狱，并处以腐刑。这对司马迁来说是奇耻大辱，他曾想一死了之，但想到父亲临终前的遗言，想到作为太史令的责任，想到父亲的事业还没有完成，他便放弃了轻生的念头，决定忍辱苟活，完成父亲交给自己的任务。

　　但是，他内心极其痛苦，他给朋友任安写了一封信，即《报任安书》，述说了自己当时所遭受的肉体折磨与人格侮辱。他说到自己受腐刑的原因和之后的心情："我和李陵都在朝中为官，平时并没有多少往来，从没有在一起举杯饮酒，互相表达友好的感情。但是我观察李陵的为人，他确实是一个守节操的人，侍奉父母讲孝道，与朋友交往守信用。遇到钱财从不贪恋，取舍合乎礼仪。恭敬谦卑自甘下人，总是奋不顾身而赴国难。他历来积淀的品格，我认为具有国士风度。作为臣子虽历经危险却不顾及自己的生命，只想到解救公家之危难，这已是很难得了。如今所做的事稍有不当，那些只顾保全自己和妻儿的大臣，就挑拨离间，把他的失误尽情夸大，我内心确实感到痛苦。况且李陵率领不满五千兵力，深入匈奴的驻地，在虎口中投下诱饵，勇敢地面对强悍的匈奴的挑战，迎着八万敌军与单于连续作战十多天，所杀的敌人远远超过了自己军队的人数。匈奴的首领无不震惊恐怖，于是把左右贤王的兵马全都调来，发动会拉弓射箭的人，所有的军队都来围剿李陵。李陵转战千里，箭用光了，路走绝了，救兵不到，死伤的士兵堆积如山，然而李陵振臂一呼，士兵仍然奋起，个个涕泪横流，满脸是血，吞下眼泪，冒着刀箭，向北继续和敌人拼死搏斗。几天以后，李陵兵败的消息传来，皇上震怒，满朝文武忧虑恐惧。我私下认为，李陵虽然兵败身陷匈奴，但是他的本意是要等到合适的时机报效朝廷。他消灭了那么多敌军，这战功也足以向天下人显示自己的心意了。我本来是想用这番话宽慰皇上的心胸，堵塞怨恨李陵的人的诬陷之口；皇上不明白，以为我是为李陵游说，于是就把我交付法庭，我虽有诚恳之心却无法表白。因此被定为欺上之罪，而皇上竟同意了狱吏的判决。人并非木石，却要被关在牢狱之中，谁可以听我诉说呢！可悲啊，可悲！"

"我的先辈并没有立下可以得到皇上赏赐剖符和丹书的功劳，只是掌管史籍和天文历法，类似于占卜祭祀之官，本来就是给皇上戏耍的，像畜养倡优一样，被世俗之人看不起。如果我依法被处死，也就像九牛失去一根毛，与死个蝼蚁没什么两样！人本来都有一死，有人死得比泰山还重，有人死得比鸿毛还轻，但是最不能做的是使祖先受辱，其次是使自身受辱，再次是使脸面受辱，再次是让别人用文辞和教令来羞辱，再次是身体被捆绑受辱，再次是换上囚服受辱，再次是披枷戴索被刑杖拷打受辱，再次是剃光头发、颈戴铁圈受辱，再次是毁伤肌肤、砍断肢体受辱，最下等的是宫刑，受辱到了极点。古书上说：'刑罚不用在大夫身上。'这就是说士大夫在气节方面不能不进行磨砺。西伯（周文王）是诸侯之长，曾被拘禁在羑（yǒu）里；李斯是丞相，也受遍了五种刑罚；韩信已是诸侯王，却在陈地被戴上刑具；彭越、张敖都是南面称王的人，结果都下狱定罪；绛侯周勃诛杀了吕氏家族，权力超过了春秋时的五霸，后来也被囚禁在待罪之室；魏其（jī）侯是大将军，最后也穿上了囚衣，戴上了刑具；季布做了朱家的家奴；灌夫被关押在居室受辱。这些人都已身居王侯将相，名声传到了邻国，等犯了罪受到法令制裁，不能下决心自杀，在监狱里，古今都一样，怎能不受辱呢！由此看来，勇敢和怯懦是权力地位不同造成的；坚强和软弱是由所处的形势决定的。"

"人没有不贪生怕死的，没有不顾念父母妻儿的。至于那些为义理所激励的人并不如此，那是由不得已的形势造成的。勇敢的人不必以死殉节，怯懦的人只要仰慕节义，我虽然怯懦，想苟且偷生，但也还懂得偷生与赴死的界限，何至于自甘身陷牢狱之中去受辱呢？我之所以要克制忍耐、苟且偷生，囚禁在污秽的监狱之中也在所不辞，是因为心中还有未了之事，以身死之后文章不能流传后世为耻呀！"

司马迁接着沉痛地向朋友诉说了自己之所以忍辱苟活的原因，是想遵守父亲的遗嘱，完成父亲未尽的事业——撰写《史记》。他说："古时候虽富贵而名声却泯灭不传的人，是无法都记载下来的，只有卓越不凡的特殊人物能够名扬后世。周文王被拘禁后推演出《周易》的六十四卦；孔子受困回来后开始作《春秋》；屈原被放逐后创作了《离骚》；左丘明失明后才有《国语》；孙子被砍断双脚，编撰出《孙子兵法》；吕不韦贬官迁徙到蜀地，世上传出了《吕氏春秋》；韩非被秦国囚禁，写出了《说难》《孤愤》等文章；《诗经》三百篇，大都是圣贤为抒发忧愤而创作出来的。这些人都因心中忧郁苦闷，不能实现他们的理想，所以才记述以往的史事，想让后来的人看到，并了解自己的心意。至于左丘明失去双目，孙子砍断双脚，终于不可能被任用，便退而著书立说，以此来舒散他们的愤慨，想让文章流传后世以表明自己的志向。我私下里不自量力，近年来，投身在无用的文辞之中，收集天下散失的史籍与传闻，考证前代人物的事迹，考察他们成败兴衰的原因，上自黄帝轩辕，下至当今，写成了十表、本纪十二篇、书八章、世家三十篇、列传七十篇，共计一百三十篇。也是想借此探究天道与人事的关系，贯通从古到今的历史发展变化，完成有独特见解、自成体系的著作。草稿尚未写完，正好遭遇这场灾祸，我痛惜此书没有完成，因此受到最残酷的刑罚也不敢露出怨怒之色。我确实是想著成此书，把它珍藏在名山，把它传给志同道合的人，让它在通都大邑之间流传。那么，我就可以偿还从前受辱所欠的债了，即使受到再多的侮辱，也不会后悔！然而我这番苦心只能对智者讲，很难对俗人说呀！"

"每当想到这种耻辱，没有不汗流浃背沾湿衣裳的。自己简直就是个宦官，还怎能自行隐退，藏身到深山岩穴之中呢？所以只得暂且随世俗浮沉，在时势中周旋，以此来抒发内心的狂乱迷惑。"

司马迁想到前人许多著作都是作者受到巨大屈辱之后的发奋之作，自己理应向他们学习。就这样，他忍受着巨大的屈辱和肉体的伤残，凭借着坚韧不拔的毅力，以一个史学家的崇实精神，发愤著述。经过十六年的艰苦努力，终于在公元前93年，完成了五十二万字的浩瀚巨著《史记》，这时司马迁已经五十五岁了。

完成了书稿，司马迁长长地舒了一口气，他终于完成了父亲交给他的任务，给后世留下千古不朽的历史著作。

司马迁写《史记》时，他本着这样一条原则："究天人之际，通古今之变，成一家之言。"意思是说，要通过历史现象揭示历史的本质，探究自然现象与人类社会之间的相互关系。通晓从古至今的社会发展演变，进而寻找历代王朝兴衰成败的原因；对历史事实的记述，有所取舍和褒贬；形成自己独特的自成一家的史学理论学说。所以，《史记》既真实地记录了历史事实，又客观地表达了司马迁对他们的态度，塑造了一个个鲜活的历史人物；成为我国纪传体史学的奠基之作。

司马迁的成功，源于父亲的教诲和影响。

首先是父亲对他立身励志的教育，使他懂得了应该做一个什么样的人。在司马迁的成长过程中，父亲给予他的都是正能量的教育和引导。司马谈常常对儿子讲：做一名史官，最重要的是忠实地记载历史，要讲"诚信"。所以他在写《史记》时，正直的品格使他能客观地、实事求是地记述历史事件，不虚美，不隐恶。司马迁的朋友曾经看了《史记》书稿，当读到《李广列传》时，看到司马迁对李广在战场上勇猛杀敌、机智脱险的情形描写得惟妙惟肖，字里行间充满了敬佩与赞誉，但是也写了李广的缺点。他的朋友不解地问他，你那么爱戴李广，为什么还要写他的缺点呢？司马迁回答说："我写的是历史，要诚信，要真实，怎么能以个人的爱憎去歪曲历史呢？"他的朋友赞许地说："您真是一位崇实的人啊！"司马迁还告诉朋友，他很同情项羽，但是他也写了项羽自身的弱点，因为正是这些弱点导致他必然失败。司马迁虽然很厌恶刘邦，但是也写了刘邦的能力和性格，这些是他成功的基础。这些客观的描述，使后人看到了真实的历史面貌，使这部纪传体史书具有千古不朽的价值。

其次是父亲对司马迁责任感的教育。司马迁的祖上曾经当过周朝的史官，司马谈任太史令以后，有很强的责任感，他当太史令三十多年，收集了很多历史资料，非常想写一部完备的史书，来弥补秦始皇焚书坑儒造成的历史断代。所以当他病重无法完成这一心愿时，心中很是不安，非常希望司马迁能实现他的心愿。因此，他临终时对司马迁说："你是一个有志气的孩子，你一定要把我想写的史书写出来，你一定能完成这一大业。"这句话既是嘱托，也是激励，使司马迁顿时产生了一种使命感，所以他流着泪对父亲立下了誓言。他说："儿子虽然缺乏才能，但一定不会忘了父亲的嘱咐。"对祖先和历史负责任的使命感使他能在遭受巨大身心侮辱的艰难境遇中，坚强地活下来，将自己全部的爱恨悲愤都付之于笔端，倾注到《史记》的创作中，并敢于对历史和历代帝王以及各界人物做出客观公正的评价；使《史记》流传千古，成为后人了解历史、研究历史的重要资料。

三是司马谈对其进行的文化与生活体验的教育和引导，使司马迁学到并积累了丰富的历史文化方面的知识。他跟古文经学家孔安国学习《尚书》，这是一部儒家的经典著作，是中国上古历史文献和部分追述古代事迹著作的汇编，是我国最早的一部历史文献汇编。他跟文学大师董仲舒学习《春秋》，即《春秋经》，是中国古代儒家典籍"六经"之一，是我国第一部编年体史书，也是周朝时期鲁国的国史。《春秋》用于记事的语言极为简练，然而几乎每一个句子都暗含着褒贬之意，被后人称为"春秋笔法，微言大义"。司马迁从这两部著作中了解了历史，积累了大量的历史文献资料，同时又学习了"春秋笔法"和"微言大义"，这些都是他后来写《史记》的文化与文学基础。为了激发司马迁研究历史的兴趣，司马谈还经常给他讲一些历史故事，这些都丰富了司马迁的历史文化知识。

司马谈认为，想成为一个有作为的史学家，只读书是不够的。为了激发司马迁成就大业的雄心，他又鼓励司马迁到各地去游历，开阔眼界，增长见识，这也是司马迁完成《史记》不可或缺的条件。

司马迁的成功验证了父爱家教在成长中的重要作用。

《史记》

　　《史记》是中国第一部纪传体通史，它记载了上起黄帝下至汉武帝约三千年的历史，全书有本纪（记载历代帝王政绩）十二篇，世家（记载诸侯国和汉代诸侯、勋贵兴亡）三十篇，列传（记录重要人物的言行事迹）七十篇，表（大事年表）十篇，书（记录各种典章制度等）八篇，共一百三十篇。东汉历史学家班固评价《史记》："其文直，其事核，不虚美，不隐恶，故谓之实录。"《史记》被鲁迅先生誉为"史家之绝唱，无韵之离骚"，列为"前四史"之首，与《资治通鉴》并称为"史学双璧"。

六、刘向诫子谦虚谨慎

> 引导孩子认识骄傲自满的危害，自觉培养谦虚
> 谨慎的品格。骄傲自满会导致盲目自信，导致对自
> 己错误的判断。

刘向（前77—前6），今江苏人，是我国西汉时期著名的散文家和儒学家，刘向是楚元王刘交的四世孙。汉宣帝时，为谏大夫。汉元帝时，任宗正。汉成帝即位后，任光禄大夫，官至中垒校尉。曾奉命领校秘书，著有《说苑》《列女传》《战国策》《列仙传》等书，所撰《别录》是我国最早的图书分类目录，大多已经亡佚。《列女传》是一部介绍中国古代妇女事迹和行为的传记性史书，歌颂了古代妇女的聪明才智和传统美德。刘向编订了《楚辞》，与其子刘歆共同编订成书《山海经》。

刘向有三个儿子，小儿子刘歆最聪明，受父亲影响，自幼好学，博览群书。通诗文，善属文。年轻时就受到汉成帝的接见，并被任命为黄门侍郎，也因此得到全家人的宠爱。刘向却为此担心，怕他这样下去会不知深浅，忘乎所以。为了教育他，刘向特意写了一篇《诫子歆书》，文中引用了当时的哲学家董仲舒的名言，来说明福因祸生，祸藏于福，二者是可以互相转化的辩证关系，并列举了春秋时齐国的故事加以说明，告诫儿子，要记住古训，得志时不要骄傲自大，以免招致祸患。原文这样写道：

告歆无忽：若未有异德，蒙恩甚厚，将何以报？董生有云："吊者在门，贺者在闾。"言有忧则恐惧敬事，敬事则必有善功，而福至也。又曰："贺者在门，吊者在闾。"言受福则骄奢，骄奢则祸至，故吊随而来。齐顷公之始，藉霸者之余威，轻侮诸侯，亏跛蹇之容，故被鞍之祸，遁服而亡，所谓"贺者在门，吊者在闾"也。兵败师破，人皆吊之，恐惧自新，百姓爱之，诸侯皆归其所夺邑，所谓"吊者在门，贺者在闾"也，今若年少，得黄门侍郎，要显处也。新拜皆谢，贵人叩头，谨战战栗栗，乃可必免。

意思为：告诫歆儿不要怠慢，你没有过人的德行，却蒙受了国家的厚待，该怎么报答呢？董生有句名言："吊者在门，贺者在闾。"意思是有了忧患则会心怀恐惧、遇事恭敬，遇事恭敬就必然身受福报。还有句话："贺者在门，吊者在闾。"意思是身受福报就会骄奢淫逸，骄奢淫逸则会有祸患临头，所以吊客随后而来。齐顷公刚即位的时候，倚仗齐桓公称霸的余威，轻率地侮辱诸侯，嘲笑跛脚的使臣，使臣回国后联合鲁国、卫国等攻打齐国，齐国被打得毫无招架之力，齐顷公在鞌之战中被晋军活捉，乔装改扮后逃出去才保住一条性命。这就是所谓的"贺者在门，吊者在闾"。兵败之后，大家都来吊问，于是齐顷公心怀恐惧改过自新，深得齐国百姓的爱戴，诸侯们都归还了以前夺取的齐国城邑。这就是所谓的"吊者在门，贺者在闾"。现在你这么年轻，就官拜黄门侍郎，这是显要的官职。新上任照例要给皇上叩头谢恩，你一定要表现出战战兢兢的样子，这样才可以免除灾祸。

刘向深知"受福则骄奢，骄奢则祸至"，他用春秋时代齐顷公的典故，来说明"吊者在门，贺者在闾""贺者在门，吊者在闾"的道理。告诫刘歆在"新拜皆谢，贵人叩头"之时，一定要谦虚谨慎，只有这样才能免除祸患。实际上，父亲刘向是希望他做一个淡泊明志、潜心治学的文人，刘向对儿子可谓用心良苦。但刘歆并没有听进去。

当刘歆初入仕途为黄门郎不久，与已有盛名的王莽结下了较深的情谊。但王莽追求权势，伺机准备篡权，哀帝死后，他被举为大司马，独掌政权。

为了篡夺朝政大权，王莽胁持上下，诛灭政敌，拔擢党羽。刘歆成为王莽拉拢的对象，这时的刘歆已经在学问上很有名气了。王莽为了实现他的政治野心，需要刘歆推行的古文经学作为自己篡夺政权的理论依据，为自己窃取政权制造舆论，提供谋略。叶适说："孟子曰：'天下无道，以身殉道，未闻以道殉乎人也。'人之患在为徇人之学，而欲遂狼狈不可救，悲哉！"刘歆追求功名心切，心甘情愿地用自己的学问为王莽篡汉出谋划策。由于他帮助了王莽篡夺汉室江山，成了刘汉王朝、宗族的罪人。所以，他与父亲刘向就有了完全不同的人生结局。作为大学问家，一代宗师的刘向得以善终，而刘歆在七十三岁高龄时国破家亡，被迫自尽。

刘歆的悲惨结局，就是源于他的骄傲自大。他凭借着自己的才华，与父亲一起校理群书，振兴古文经学；编制《三统历》，第一个提出接近正确的交食周期；当时他已经具有了古文经学家、天文学家等多种身份，被称为"是西汉今文学之异军，东汉古文经学之宗师"。成帝之初，亲信大臣就推荐他，称他为"欲通达有异材"。清末民初思想家、著名学者章太炎说他是"孔子以后的最大人物"。现代著名历史学家顾颉刚先生称他为"学术界的大伟人"。

而刘歆自恃有才华，有学问，自我膨胀了，已经不满足于他在学术界的崇高声誉了，滋生出了政治野心，从而导致晚年难以自保的悲惨结局。

由此可见，骄傲自大对人生的影响极大，能让人一败涂地，但这又是青少年成长过程中很容易出现的心理状态。因此，在家庭教育中，培养孩子谦虚谨慎的美德，克服骄傲自满的情绪非常重要。

那么，怎样培养孩子谦虚谨慎的品格呢？

第一，引导孩子正确认识自己，评价自己。一般来说，孩子产生骄傲自满的情绪，往往是因为自己有一定的优势和特长，或者在某方面具备一定的优越条件。如，孩子很聪明，学习很好，经常得到老师的夸奖和同学们的赞誉，这样的情形多了，他就会沾沾自喜，滋生傲慢，觉得自己什么都好，慢慢地变得骄傲自大了。这样的孩子通常都会以自己的优点和长处来比同学的短处，所以会有很强的优越感。而家长也往往会以孩子为骄傲，经常在人面前夸耀孩子。或者家长在社会上占据了某些优势，也经常炫耀，在人面前表现出傲慢。这些都会影响到孩子。

所以，家长首先要自己克服骄傲自大，引导孩子认识到自己的特长和聪明只是在一个狭小的范围内显现出来，所谓"人外有人，天外有天"，如果在另一个环境与条件下，自己的优势很可能就不存在了。引导孩子以自己的不足和同学或其他人的长处相比，那样才能找到自己的差距，才会积极进取，明确努力的方向。

正确认识自己，其实是一种眼界，也是一种胸怀；历史上的伟人和有成就的名人，都胸怀宽阔、内心坦荡，都能站在超出自己生活范围的高度，审视自己的不足。我国著名绘画艺术大师张大千先生，曾被徐悲鸿誉为"五百年来第一人"。然而张大千先生却很得体地回答说："当代的我国画坛，人才辈出，我厕身其间，常感得益良多。真的，不是说客气话，能把山水竹石画得清逸绝尘，我不及吴湖帆；论气韵的刚柔相济，我不及溥心畬；明媚软美，我不及郑午昌；画瀑布山岚，我不及黄君璧；论寓意深远，我不及陈宝琛、谢玉岑；画荷菱梅兰，我不及郑曼陀、王个簃；写景入微，不为方寸所囿，我不及钱瘦铁；画花鸟虫鱼，我不及于非闇、谢稚柳；画人物仕女，我不及徐燕孙；画鸟鸣猿跃，能满纸生风，我不及王梦白、汪慎生；画马，则当数你徐悲鸿先生，赵望云当然也是佼佼者；还有汪亚尘、王济远、吴子深、贺天健、潘天寿、孙雪泥诸道兄无一不在我上。徐先生说我能领五百年画坛的风骚，我哪里担当得起啊！"

张大千先生的这段话充分体现了他本人的两个特点：一是谦虚谦和的品质和修养，徐悲鸿先生给予他非常高的评价，徐老的评价不是随便给的，是由于张大千先生确实达到了这个水平。但是，张大千并没有自得，而是在与众多画界名人的比较中寻找自己的差距。这一段话中一连用了十个"不及"。他是在以各位之长来比自己之短，这本身就表现了张大千先生谦虚的美德和艺术修养。二是体现了张大千先生的眼界和胸怀。所谓的十个"不及"已经充分体现了张大千先生的学识渊博、出入古今的深厚艺术功底和艺术鉴赏力，因而才能博采众长，兼容并蓄，使张大千的绘画具有自己独具的风格特色。这是非常值得我们学习的。

第二，引导孩子认识骄傲自满的危害，培养孩子谦虚谨慎的品格。

古代典籍里有这样一个故事：一天，孔子带着学生去参观鲁桓公祠，看见一个盛水的容器，倾斜着放在祠里，孔子问守门人："这是什么东西呀？"守门人告诉他："是欹器，是放在座位右边警示自己的，如座右铭一样用来伴座的器皿。"孔子说："我听说这是装上水用来伴座的，没有水或者水装得少就会倾斜，水量适中就能端正，如果水装满了就会翻倒。"说着，孔子就让他的学生舀来水试一试，果然水装得不多不少时，它就端端正正地立着，把它装满水就翻倒了，水都流了出来，待到水流尽了，它就倾斜了。孔子看着它，深深地叹了一口气说："世界上哪会有太满而不倾覆的东西呀！"孔子的慨叹很有深意，他的潜台词就是：太满必然失去。这个欹器作为座右铭放在座位旁，就是警示人们

不可以自满，骄傲自满，必然失败。

西汉刘歆的故事也生动地告诉了我们这个道理，父亲刘向深谙此理，《诫子歆文》中明确地告诉刘歆，"受福则骄奢，骄奢则祸至"，然而刘歆正是因为滋长了骄傲自满之情，不能正确客观地审视自己，才走上歧途。

骄傲自满就会导致盲目自信，导致对自己有错误的判断。中国古代历史上有一个著名的官渡之战，是东汉末年"三大战役"之一，也是中国历史上著名的以弱胜强的战役之一。建安五年（公元200年），曹操与袁绍在官渡（今河南中牟东北）展开决战。袁绍因为自己兵力强盛、粮草充足而骄傲自大，刚愎自用，轻视了曹操的实力；结果曹操奇袭了袁军的粮仓，继而击溃了袁军主力。这次战役为曹操统一中国北方奠定了基础。而袁绍则永远失去了重整山河的机会。这就是"骄兵必败"的生动教材。

俗话说得好："满招损，谦受益，时乃天道。"（语出《大禹谟》）"人之不幸，莫过于自足"，"人之持身立事，常成于慎，而败于纵"，"虚心使人进步，骄傲使人落后"已经成为人人皆知的真理。

骄傲和谦虚，是一对辩证的关系，具备了谦虚的品格和修养，就会有自知之明，善于倾听他人的批评和不同意见，就会不断进步。历史上的成功者无一不具备谦虚的品格。1985年春夏之交，数学家华罗庚应香港大学邀请做学术演讲，有学生请教："华先生的成功秘诀是什么？"华罗庚谦虚地说："我成功了吗？我还不知道我是否算是成功。如果我还有一点成就，主要是由于自己知道自己不行，找到了差距，就有了奋斗的目标。""自己承认差一点，工作加油一点。"这就是成功者的品格和胸怀。

革命家陈毅元帅有一首诗："九牛一毫莫自夸，骄傲自满必翻车。历览古今多少事，成由谦逊败由奢。"这既是陈毅元帅对自己一生革命生涯的总结，也是对后人的殷殷教诲。由此可见，谦虚谨慎的品格对人的一生多么重要啊！

第三，区别赏识教育与盲目夸奖，教孩子树立自信心。对于成长中的孩子来说，每一点进步、每一点成就都是值得肯定和鼓励的。美国哈佛大学教授丹尼尔·戈尔曼曾说："在促进一个人成功的个人因素中，情商的作用占80%，而智商的作用仅占20%。情商决定了孩子包括智商在内的其他能力能否得到充分发挥。"所以，在家庭教育中，情商的培养很重要。情商的形成很大一部分来自于家长的赏识教育和孩子的自信心；赏识教育是家长老师等施教者对孩子（即受教育者）的能力、兴趣、意愿、动机、行为等给予肯定的一种方式，它使受教育者内心合理的需求得到满足，使受教育者体会到了自己的价值。其目的是保护孩子的个性，帮助孩子树立自信心。它与盲目夸奖有一定的区别，盲目夸奖是指对孩子应该做的或规定做的任务，无论孩子完成的质量如何，家长一味地夸奖；或者家长对孩子缺少全面的了解，看到的只是表面的现象，或者为了安抚取悦孩子而给予夸奖，这样的夸奖多了就会使孩子滋生骄傲自满情绪，自我感觉良好，放弃了进取，甚至产生虚荣心。

比如，家长常常喜欢用这样的语言来夸奖孩子："你真聪明！""你好棒呀！""你真乖"，等等，这就是敷衍式的盲目夸奖。这样的夸奖也许会给孩子短暂性的鼓励，但孩子并不知道自己哪里做得好。夸奖多了，孩子真的会以为自己很聪明、很棒，自己很有天赋，从而变得自以为是，骄傲自满；并且做事还容易避重就轻，不敢面对挑战。

所以，对孩子的夸奖要针对具体事情，而不是泛泛的敷衍。这样孩子才知道自己哪里做得好。比如孩子今天帮妈妈收拾屋子了，妈妈可以说："孩子，今天的屋子收拾得很干净，非常感谢你，能帮助妈妈干活了。"如果有做得不够好的地方，妈妈还可以委婉地指出："下次把抹布洗干净就更好了。"通过这样的夸奖，孩子就知道了自己哪里做得好，得到妈妈的夸奖，很高兴；还明白了哪些地方需要努力。这样就不会打击孩子的积极性，同时也会使孩子有继续做好事情的信心。

夸奖孩子要夸孩子的努力，而不是天赋。宋代王安石的《伤仲永》讲了一个非常典型的故事：

> 金溪民方仲永，世隶耕。仲永生五年，未尝识书具，忽啼求之。父异焉，借旁近与之，即书诗四句，并自为其名。其诗以养父母、收族为意，传一乡秀才观之。自是指物作诗立就，其文理皆有可观者。邑人奇之，稍稍宾客其父，或以钱币乞之。父利其然也，日扳仲永环谒于邑人，不使学。
>
> 余闻之也久。明道中，从先人还家，于舅家见之，十二三矣。令作诗，不能称前时之闻。又七年，还自扬州，复到舅家问焉，曰："泯然众人矣。"
>
> 王子曰：仲永之通悟，受之天也。其受之天也，贤于材人远矣。卒之为众人，则其受于人者不至也。彼其受之天也，如此其贤也，不受之人，且为众人；今夫不受之天，固众人，又不受之人，得为众人而已耶？
>
> ——王安石《伤仲永》

过去在金溪县有个百姓叫方仲永，祖祖辈辈以耕种为生。仲永五岁了，都没有见过写字的纸和笔，有一天仲永哭着要这些东西。他的父亲感到惊奇，就向邻居借来了笔和纸给他。仲永立刻写了四句诗，并且题上自己的名字。诗的内容是说要赡养父母，团结族人。父亲拿给乡里的秀才欣赏。从此，乡里的人们就让他作诗，他都能立刻完成，并且诗写得很有文采。同县的人们都感到惊奇，渐渐地都对他父亲也高看一眼。有的人还花钱请仲永写诗题字。方仲永的父亲觉得有利可图，便每天带着方仲永四处写诗，拜访同县的人，不让他学习。后来方仲永就写不出好诗来了，与常人没什么两样了。

王安石说：仲永的通晓、领悟能力是天赋。他的天赋已远远超过其他人，但最终成为一个平凡的人，是因为他后天没有受到好的教育。这个故事说明一个孩子天赋再好，缺乏学习与努力，也会变得平庸。所以，鼓励孩子要虚心、努力去学习。

还比如，孩子在做数学题，十道题做完了九道，有一道题很难，怎么也做不出来。孩子正挠头，家长可以有三种表现：

一是家长过去，了解情况后，对孩子说："没关系，你已经尽力了，能做出九道题已经很好了，不会的等明天上课注意听老师解题，然后自己再做两遍就好了。"听了这话，孩子欣然接受，轻松地去写别的作业了。第二天回家告诉妈妈，那道题我会做了，今天听老师讲，我明白了。对学习，孩子有了信心。

二是家长过去说："你咋这么笨，这么长时间作业都没写完，你是不是上课没好好听讲？"孩子听了很生气，一个晚上都不愉快，从此对学习也没有了信心。

三是家长过去，看见孩子做好了九道题，高兴地夸耀孩子："不错啊，孩子，我儿子就是聪明，这么难的题都做出来了。那一道难题不做了。"孩子得意地去玩了。慢慢地孩子就变得骄傲自大，不思进取了。

家长三种不同方式的教育带来的是三种不同的结果，所以，家长一定分清赏识与夸耀的界限，把握好尺度，使孩子树立起信心，才有助于孩子成长。

七、马援对侄儿的训诫

马援对侄儿的训诫语言深沉平易，感情浓烈。反复叮咛，语重心长，让人易于接受。用自己的生活经验来劝诫侄儿，而不是空讲大道理，值得后人学习。

马援（前14—49），字文渊。扶风郡茂陵县（今陕西兴平）人。西汉末年至东汉初年著名军事家，东汉开国功臣之一。

《后汉书·马援列传》记载：马援十二岁时，父亲去世。马援"少有大志，诸兄奇之"。曾跟人学习《齐诗》，但其心不在学习上，学不下去。于是，他向长兄马况告辞，要到边郡去种田放牧。哥哥马况很开明，同意他的想法，嘱咐他说："汝大才，当晚成。良工不示人以朴，且从所好。"没等马援动身，哥哥马况突然去世。马援只好留在家中，为哥哥守孝一年。

后来马援归顺光武帝刘秀，为刘秀统一天下立下了赫赫战功。统一之后，马援虽已年迈，但仍主动请缨，不断转战东西南北，后官至伏波将军，封新息侯，世人称他为"马伏波"。他那种老当益壮、转战沙场的气概，受到后人的敬仰。

马援的哥哥留下两个儿子，马严和马敦。这两个孩子小时候受到父母的溺爱，养成了爱议论人短长的坏毛病，还常常和一些轻浮的、爱打架斗殴的人打交道。为此，马援比较焦虑，就给两个侄儿写了封信，信中说：

> 吾欲汝曹闻人过失，如闻父母之名：耳可得闻，口不可得言也。好议论人长短，妄是非正法，此吾所大恶也：宁死不愿闻子孙有此行也。汝曹知吾恶之甚矣，所以复言者，施衿结缡，申父母之戒，欲使汝曹不忘之耳！
>
> 龙伯高敦厚周慎，口无择言，谦约节俭，廉公有威。吾爱之重之，愿汝曹效之。杜季良豪侠好义，忧人之忧，乐人之乐，清浊无所失。父丧致客，数郡毕至。吾爱之重之，不愿汝曹效也。效伯高不得，犹为谨敕之士，所谓"刻鹄不成尚类鹜"者也。效季良不得，陷为天下轻薄子，所谓"画虎不成反类狗"者也。讫今季良尚未可知，郡将下车辄切齿，州郡以为言，吾常为寒心，是以不愿子孙效也。

信中的意思是：我希望你们听说了别人的过失，像听见了父母的名字，耳朵可以听见，但口中不可以议论。喜欢议论别人的长短，妄议朝廷的法度，这些都是我深恶痛绝的。我宁可死，也不希望自己的子孙有这种行为。你们知道我非常厌恶这种行径，这是我一再强调的原因。就像女儿在出嫁前，父母会一再告诫一样，我希望你们不要忘记啊。

龙伯高这个人敦厚诚实，说的话没有什么可以让人指责的。谦虚节俭，又不失威严。我爱护、敬重他，希望你们向他学习。杜季良这个人是个豪侠，很有正义感，把别人的忧愁当作自己的忧愁，把别人的快乐当作自己的快乐，无论好的人坏的人他都结交。他的父亲去世时，来了很多人。我爱护、敬重他，但不希望你们向他学习。（因为）学习龙伯高不成功，还可以成为谨慎谦虚的人。正所谓雕刻鸿鹄不成可以像一只鹜鸭。一旦你们学习杜季良不成功，那就成了纨绔子弟。正所谓"画虎不像反像狗"了。到现今杜季良还不知晓，郡里的将领们刚到任就咬牙切齿地恨他，州郡内的百姓对他的意见很大。我时常替他寒心，这就是我不希望子孙向他学习的原因。

马援所处的汉代，生存环境险恶，时局变幻莫测。士人们只好保持戒惧状态，以谦虚谨慎的处世态度来保全自我，以保证家族的延续。因此，士人们很重视修身养德。

马革裹尸

起初，马援的大军胜利归来，快到的时候，朋友们都来迎接，犒劳。平陵人孟冀，是出了名有计谋的人，和在座的朋友一起祝贺马援。马援说："我希望你有好话教导我，怎么反而同众人一样呢？我立了小功就接受了一个大县的赏赐，功劳浅薄而赏赐厚重，像这样怎么能够长久呢？先生怎样来帮助我呢？"孟冀说："我智力低下，不知如何回答。"

马援说："如今匈奴和乌桓仍然在北边侵扰，我想击退他们。男子汉应该死在边疆战场，用马皮包着尸体下葬，怎么能安心享受儿女侍奉而老死在家里呢？"孟冀："你确实是烈士啊，确实是应当那样做啊。"

这封家书就是士人处事原则的典型代表。马援在写这封家书时，正率军远征交趾。知道侄子马严、马敦平时喜讥评时政、结交侠客，很令他担忧，因此写了这封情真意切的信。文章出语恳切，言词之中饱含长辈对晚辈的深情关怀和殷切期待，让他的侄儿很感动，并听从了马援的教诲，改正了自己的不良作风。后来他们师从平原杨太伯，专心读书，能通晓《春秋》《左传》、诸子百家，结交了许多贤达之人，受到人们的赞赏，被称为"钜下二卿"。

马援对侄儿的这种训诫，之所以能产生这么好的效果，是因为在书信中主要体现了这样几点：

第一，书信开门见山地指出了他们好议论别人短长的毛病，然后对他们进行了批评。表明了自己的态度：很厌恶这种行为。宁死也不愿意子孙有这种行为。马援的态度表达得很直白，批评也很尖锐，但是他侄儿为什么能接受呢？这就是语气和用词的作用了。书信以"汝曹"（你等，你辈）称呼他的侄子，并在文中反复出现，很随和，使侄儿感到很亲切，拉近了长辈和晚辈之间的距离，从中体会到父亲一样的真情关怀。不远千里致书教谕，使侄儿感到自己倍受重视。

第二，与侄儿沟通的语言深沉平易，感情浓烈。而不是居高临下，态度强硬。如开篇就说"喜欢议论别人长短，对时政得失妄加评论，这是我最厌恶的，宁死也不愿意子孙有这样的行为。"马援并没有对侄子命令式的训斥，但态度很明确，感情很强烈，对侄子是有感染作用的。然后以打比方的形式再三叮嘱他们要引以为戒，就好像父母送女儿出嫁时给她整理衣服系上佩巾，一再叮嘱训诫一样，为的是使你们不要忘记啊！反复叮咛，语重心长，使人感动不已。

第三，以自己的生活经验来劝诫侄儿，而不是空讲大道理。对当代贤良的行为品德进行了对比评析，指出了应该学习敦厚谨慎的龙伯高，而不应该学习好义的杜季良。这些结论都是马援自己观察社会人生得来的经验之谈。并且是用"愿汝曹效之""不愿汝曹效也"等温和的语言表示希望，并没有强硬的命令，字里行间也充满了真挚的关爱。书中的"刻鹄不成尚类鹜""画虎不成反类狗"的比喻，生动有力，发人深省，已经成为流传千古的警句。

这不失为值得我们学习的教育孩子的方式。

八、儿子亦不欲有所私——曹操与《诸儿令》

曹操教育孩子的目标很明确。他要培养的是能够担负治国平天下重任的贤能之才，在实际教育中，曹操有他自己独特的教育方法，一个是激励，一个是因材施教，第三个是严格要求。

曹操（155—220），字孟德，又名吉利，小名阿瞒；东汉末年的政治家、军事家、文学家；三国曹魏政权的缔造者。以雄才大略闻名于世，被称为一代枭雄。

曹操还是一位出色的教育家。他一生爱才，在他的政治军事生涯中，他以博大的胸怀招贤纳士，唯才是举；他重视人才，也培养人才。曹操教育孩子的目标很明确。他要培养的是能够担负治国平天下重任的贤能之才，因此，他把对诸儿的培养作为他政治军事中的一件大事。在实际教育中，曹操有他自己独特的教育方法，一个是激励，一个是因材施教，第三个是严格要求。

为了激励孩子发奋学习，他颁布了《诸儿令》，给诸多儿子提出两个要求："慈孝，不违吾令"，"长大能善，必用之"，并公开向儿子们表达自己的态度："吾非有二言，不但不私臣吏，儿子亦不欲有所私。"儿子众多，哪一个可以委以重任，曹操制定了目标，激励儿子们自觉地到实践中去锻炼，经受现实的考验。而且，曹操不徇私情，一个也不偏袒，给所有的儿子提供平等的竞争机会，然后按标准选拔。这极大地激发了孩子们积极上进的热情，使他们有了努力的目标与动力。曹操有二十五个儿子，最为出色的是曹彰、曹丕、曹植三个。曹操很疼爱儿子，但绝不溺爱。当时寿阳、汉中、长安是军事要镇，曹操想派一个儿子去戍守，为考验他们，《诸儿令》中说："今寿春、汉中、长安先欲使一儿各往督领之，欲择慈孝不违吾命，亦未知用谁也。儿虽小时见爱，而长大能善，必用之，吾非有二言也。不但不私臣吏，儿子亦不欲有所私。"意思是说：当今寿春、汉中、长安这三个重镇，先打算各派一个儿子去驻守治理。想选派慈善、孝顺、不违背我命令的，不知道谁能胜任。儿子们小时候我都很疼爱，但长大以后德才兼具的，我一定重用他。我说话算数，我对我的部下没有偏心，对儿子们也一样不会有偏心。

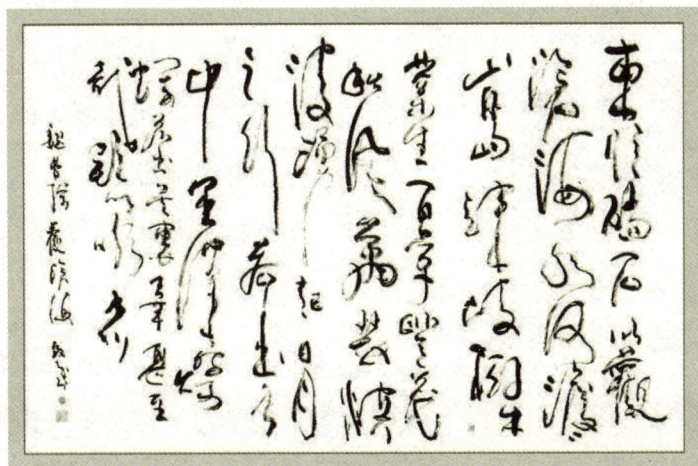

曹操以此来告诫儿子们，他不会"有所私"，只有儿子长大后"慈孝"尚德行、"不违吾命"守规矩、"能善"有本事，才会得到重用。此举是给众多儿子们提供了一个公平竞争的机会。

三国时期人才辈出，在众多英雄豪杰中，曹操最仰慕孙权的才能，曾发出"生子当如孙仲谋"的感叹，他希望自己的儿子也能成为孙权那样的谋略家。

在父亲的激励下，曹操的儿子都很上进。曹操也很重视孩子们的成长，他很关注孩子们的兴趣和特长，善于因势利导，因材施教。在军旅闲暇时，他教儿子习武、读书。然而，长子曹昂在公元197年的淯水战役中不幸战死。骤失长子，曹操十分痛心。

曹操与卞皇后所生的三个儿子曹彰、曹丕、曹植，是曹操比较得意和器重的，也是曹操颇费心思着力培养的。曹彰，从小善于射箭、驾车，臂力过人，徒手能与猛兽格斗，不怕危险困难，显示出武将之才。他曾经几次跟随曹操征伐，志向慷慨昂扬。曹操曾经批评他说："你不向往读书学习圣贤之道，却好骑马击剑，这都是只能对付一个人的技能，哪里值得你如此费神！"督促他学习《诗经》《尚书》。曹彰对身边的人说："大丈夫应

当效仿卫青、霍去病那样的大将军，率领十万之众在沙场上驰骋，驱逐戎狄，建功立业，哪能作博士呢？"曹操有一次问几个儿子的爱好，让他们各自说出自己的志向。曹彰说："愿作将军。"曹操说："作将军干什么呢？"曹彰回答说："披坚甲，握利器，面临危难不顾自己，身先士卒，有功必赏，有罪必罚。"曹操大笑，因而很赏识他。曹彰胡须是黄色的，曹操爱称其为"黄须儿"。建安二十三年（218年），曹彰受封为北中郎将、行骁骑将军，率军征讨乌桓，又降服辽东鲜卑大人轲比能。曹丕即位后，曹彰与诸侯各去自己的封国。黄初二年（221年）晋爵为公。次年被封为任城王。

二儿子曹丕，曹操欲立其为太子，曹操就着重培养他治国理政的能力。曹丕博学多才，他与父亲曹操一样，虽在军旅，手不释卷，鞍马间横槊赋诗。他所作诗百余首，其中，《燕歌行》是我国现存最早的歌行体七言诗；所作的《典论》也是我国现存最早的文艺理论批评专著。在中国文学批评史上具有很高的地位。曹操逝世后，曹丕即位，改国号为魏，为魏文帝，定都洛阳。

初平三年（192年），曹植出生于东武阳。曹植自幼聪慧，十岁时就能诵读《诗经》《论语》、先秦两汉辞赋和诸子百家。他思维敏捷，每次进见曹操时，父亲总要提一些问题考他，曹植都能应声而对，出口成章。有一次，曹操看了曹植写的文章，惊喜地问他："你是请人代写的吧？"曹植答道："话说出口就是论，下笔就成文章，只要当面考试就知道了，何必请人代作呢！"曹植性情坦率自然，生活节俭朴实，深受曹操喜爱。曹操对曹植寄予厚望，认为曹植是"儿中最可定大事"之人。因此曹操尽量创造机会，让曹植经受锻炼。曹植曾写过一首诗，也提到"高编在壮籍，不得中顾私"。他意识到自己名分很高，应该对自己高标准严要求，以国事为重，而不能为一己私利着想。

建安十一年（206年）八月，15岁的曹植便与父亲东征；16时，又随父北征柳城（今辽宁朝阳），几年的征战，曹植表现虽然很英勇，但是他"行为放任，屡犯法禁"，"任性而行，不自雕励，饮酒不节"。一次，曹仁被关羽围困。曹操任命曹植为南中郎将，想派他去救曹仁。可是，曹植却喝得酩酊大醉，不能接受任务。曹操对曹植无视规矩的举止大为震怒，认定曹植不是栋梁之材，倒是文人气很浓，于是，开始引导他走文学创作之路，将他培养成为建安时期著名的文人。曹植与曹操、曹丕并称为"三曹"，曹植又为"建安七子"之一，在中国文学史上占有重要地位。

在曹植23岁时，曹操为激励儿子立志，把曹植叫到面前，语重心长地对曹植说："当年我23岁担任顿邱令，回想起那时候的所作所为，至今都不曾后悔。如今你也是23岁，怎能不发奋图强呢！"曹操在以自己的亲身经历激励儿子，希望他能像自己一样发奋图强，既出于爱心，也是严格要求。

在培养教育儿子时，曹操一视同仁，严格要求。当时曹操派遣曹彰北征时，就严肃地对他说："居家为父子，受事为君臣，动以王法从事，尔其戒之。"意思是说：我们在家是父子关系，你接受任务出征，我们就是君臣关系了。你的行为要遵守王法，你一定要记住呀。曹操要曹彰明白，不能因为是帝王的儿子就可以无视王法，如果触犯，一样受罚。

再如，建安二十二年（217年），曹植在曹操外出期间，借着酒兴私自坐着王室的车马，擅自打开王宫大门司马门，在只能是帝王举行典礼才可以行走的禁道上纵情驰骋，一直游乐到金门，他早把曹操的法令忘到九霄云外去了。曹操大怒，处死了掌管王室车马的公车令。从此曹操加重对诸侯违反法规的处罚，对曹植也进行了严厉的批评，打消了欲立曹植为太子的打算。同年十月，曹操诏令曹丕为太子。

> 植妻衣绣，太祖登台见之，以违制命，还家赐死。
>
> ——郭颁《魏晋世语》

　　曹植的妻子崔氏，身穿锦绣，衣服太过华丽，曹操看见后大怒，认为她违反了规矩，下令把她遣送回家，随即赐死。曹家的夫人、女儿、媳妇不得穿锦绣。这个制度并不是曹操临时杀人找的借口，在《魏书》中记载：（曹操）雅性节俭，不好华丽，后宫衣不锦绣，侍御履不二采……这是曹操亲自定下的规矩，是容不得被人践踏的。曹操平时很注重节俭，他平日里的衣物都很简朴，有的还打了补丁，对自己严格要求的曹操自然也不会让家人浪费，所以他的妻子都穿着朴素，没有颜色过于鲜艳的衣物，平时也不敢浓妆艳抹。可是崔氏当时却穿着华丽，打扮惹眼，曹操看到后十分气愤，认为崔氏这样的行为就是在故意违抗他。曹操在取消了曹植的继承人资格之后，发现曹植并没有醒悟过来，依然不务正业、我行我素，竟干些华而不实的事。杀崔氏，也是为了警告曹植，生在帝王家，不拘小节，耍文人脾气，这是在玩火自焚啊。

对于曹操的评价，历史上一直存在争议，但是，他的雄才大略、知人善任、虚怀若谷、敬重忠义、善恶分明的特点都值得后人学习，这些也都是他能统一北方的关键。在教子的理念与方法上，他也别具一格，非常成功，这也是他几个儿子能名留青史的原因。

九、诸葛亮教子与《诫子书》

诸葛亮的教子之法源于他自己对人生的体验和总结。在他看来，孩子的成长首先要有志向，有境界，所以他教育孩子"淡泊明志、宁静致远，静以修身，俭以养德；非学无以广才，非志无以成学"。

提起诸葛亮，妇孺皆知，他是三国时期著名的政治家和军事家，在治国与治军方面具有卓越的才能，是中国历史上富有传奇色彩的人物。他不但足智多谋，严于律己，还非常重视家教，他对孩子的教育目标是：修身养德，明志致远，勤勉治学。

诸葛亮早年没有儿子，他的哥哥诸葛瑾就把自己的小儿子诸葛乔过继给诸葛亮，诸葛亮当时是蜀汉宰相。诸葛乔入蜀以后，被蜀主刘备封为驸马都尉，即皇上的女婿。按照这个身份，诸葛乔完全可以留在蜀都，侍奉在皇帝身边，过着荣华富贵的生活。但是，诸葛亮不想让儿子仰仗父辈的权势，过早地过上优越的生活。于是他命令诸葛乔离开皇宫，到蜀道上为驻扎汉中的部队运送粮草。这是一份非常艰苦的差事，蜀道艰险难行，诸葛乔率领士兵五六百人，经常冒着风雪严寒，辗转跋涉在山巅幽谷间的崎岖山路上。为了能让哥哥理解自己的良苦用心，诸葛亮特意给哥哥写了一封信，信中说："按理诸葛乔可以回成都，但是诸将子弟都在运输军需物资，

大家应该同甘共苦，我让他去运粮草，也是想锻炼他的意志呀！"

这件事后来在民间广泛传开，被称为"宰相严诫子，驸马解军粮"，成为流传千古的佳话。

后来，诸葛亮有了亲生儿子，叫诸葛瞻。对这个儿子，他同样也管教得非常严格，他希望儿子有大志向，给儿子取字叫思远，意为"志存高远"；为了更好地教育儿子，他特意写了一篇《诫子书》，信中写道："夫君子之行，静以修身，俭以养德，非淡泊无以明志，非宁静无以致远；夫学须静也，才须学也，非学无以广才，非志无以成学。淫慢则不能励精，险躁则不能治性。年与时驰，意与日去，遂成枯落，多不接世，悲守穷庐，将复何及！"

这段话的意思是说："品行高尚的人的举止言行，一贯是以内心的沉静来不断提升自身的修养，以俭朴的生活来培养自己的情操。因为不摒弃一切杂念就不能达到高远的境界。学习需要内心的宁静，才能是从学习中得到的，不学习就不能增长才干，没有志向就不能学有所成。如果放纵自己，散漫随意，就不可能做到励精图治；如果急躁狂傲，就不可能有很好的品行修养。年岁在增长，时光在流逝，意志一旦丧失，最终就如同枯枝败叶，飘落无用；悲伤地守在茅屋里了此一生，到那时后悔也来不及了。"

这部《诫子书》成了诸葛瞻的座右铭，一直引导着他成为有志之人。

> **《诫子书》**
>
> 　　这篇文章作于蜀汉建兴十二年（234年），是诸葛亮晚年时写给八岁的儿子诸葛瞻的一封家书。短短几十个字，却充满对儿子的殷殷教诲和无限期望，简练通达，理性智慧，道出普天下为父者的爱子情深。诸葛亮一生为国，鞠躬尽瘁，死而后已。他为了蜀汉国家事业日夜操劳，顾不上亲自教育儿子，于是写下这封书信告诫诸葛瞻。《诫子书》浓缩了诸葛亮毕生感悟和人生体验，不仅让他的子孙受益良多，也成为后世学子修身立志的名篇。

诸葛亮不仅是言教，在日常生活中也是极为严谨的，他去世时只给子孙留下了八百棵桑树，十五顷薄田。作为官位显赫、功高盖世的蜀国宰相，只给子孙留下这么一点遗产，令人费解。但是诸葛亮认为，给子孙留下的桑树与田地，只要他们辛勤耕耘就足以维持生活，如果遗产多了，他们就会坐享其成，反而会使他们贪图安逸而一事无成，这样反倒害了他们。正是因为诸葛亮教子有方，他的儿子才没有辜负父亲的期望。诸葛瞻很有才华，17岁就当上了骑都尉，后来升迁为将军。他继承父亲的遗志，驰骋疆场。公元263年，魏国十万大军讨伐蜀国，诸葛瞻亲自挂帅领兵抵抗，魏军首领

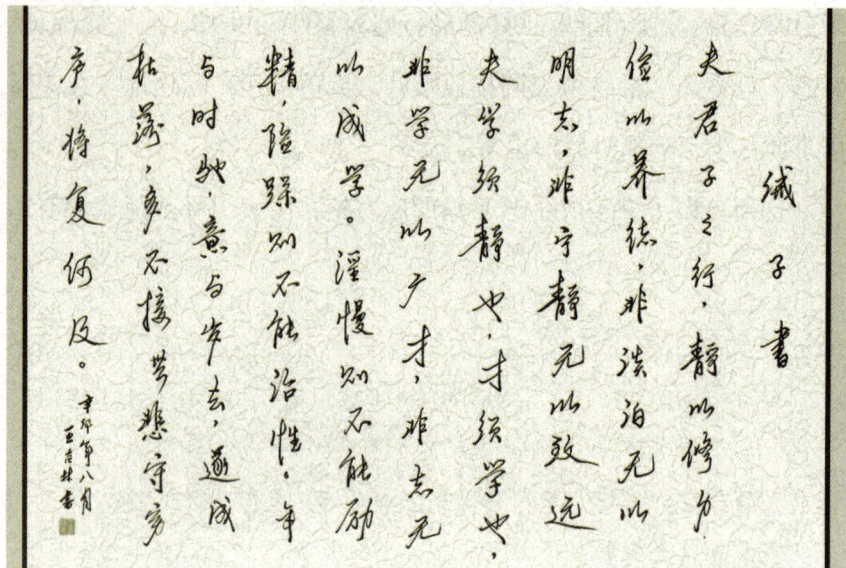

邓艾派使者前来劝降，诸葛瞻威武不屈，怒斩来使，领兵上阵，浴血奋战，最后以身殉国。诸葛瞻死后，他的儿子诸葛尚与父亲一样勇敢地深入敌穴，战死疆场。后人为他们的英勇而感动，赞誉他们是"外不负国，内不改志"，不愧为诸葛亮的后代。

而诸葛亮的《诫子书》也成为古代知识分子修身养性的行动指南；其中"淡泊明志，宁静致远，静以养身，俭以养德；非学无以广才，非志无以成学"等名句已经成为千百年来人们广为传诵的人生格言，激励了无数的仁人志士。

诸葛亮的教子之法源于他自己对人生的体验和总结。在他看来，孩子的成长首先要有志向，有境界。所以他教育孩子"淡泊明志、宁静致远，静以养身，俭以养德；非学无以广才，非志无以成学"。诸葛瞻年轻有为，就是因为胸有大志，境界高远。其次是让孩子到艰苦的地方去磨炼意志。英国的塞缪尔·斯迈尔斯曾说："唯有经受了苦难这所学校的教育，人们才能获得实际有用的人生智慧……那些伟大的人物无一不是苦难的学徒，无一不是经尽千辛万苦才成就辉煌的。"诸葛乔在蜀道运输军需，不仅锻炼了他应对恶劣环境的坚强意志，同时也锻炼了他的领导才能，他统领五六百人的队伍，独立完成了押运军需物资的重要任务，对一个年轻人来说是很不容易的。由此可见诸葛亮的智慧不仅体现在政治和军事上，还体现在教育上。

十、陶渊明《与子俨等疏》

> 与孩子在感情上近距离地交流，同时列举大量事实、历史故事等来表达你的观点与态度，增强说服力。这比空洞的说教效果要好得多。

陶渊明，东晋著名田园诗人，字元亮，一名潜。浔阳柴桑（今江西九江）人。曾任过江西祭酒、彭泽令等官职，因不满于当时的现实而辞职归隐田园。

《与子俨等疏》是陶渊明晚年病重时写的一封家信，陶渊明有五个儿子，分别叫俨、俟、份、佚、佟。由于不是同母所生，陶渊明担心自己不在的时候五个儿子会因为家产而闹矛盾。所以他特别注意对他们进行团结方面的教育。在这封家信中，陶渊明回顾了他五十多年的生活，以简明扼要的语言表达了他的人生态度。信中说："我现在已年过五十，年轻时家里穷苦，为生活所迫而四处奔走。我性格刚直，才智笨拙；与社会风气格格不入，为自己考虑，在仕途上终不免招致世俗之祸；因此辞去官职，也使你们从小过着饥寒的贫穷生活。我曾被王霸贤妻的话所感动，自己穿着破棉袄，又何必为儿子不如别人而惭愧呢？""我自从患病以来，身体逐渐衰弱，我担心自己的寿命不长了，你们年纪幼小，家里贫穷，常常还要担负着打柴担水这些劳作，什么时候才能免掉呢？这些都牵挂着我的心。你们几个虽然不是同母所生，但是应该理解普天下的人都是兄弟这个道理呀！"他又接着说："春秋时齐国的鲍叔牙、管仲曾经一起经商，因为管仲比较贫穷，分利润时管仲多拿了一些，鲍叔牙也没有责怪他，与他还如兄弟一样。春秋时楚国的归生和伍举一直关系很好，后来伍举犯了罪逃到郑国，又从郑国逃到晋国，在晋国做了官。归生作为楚国的使臣到晋国去，两个人在郑国的郊外相遇，便在路上铺上荆条席地而坐，畅叙友情；他们并没有因为两国之间的关系而影响二人的感情。于是，管仲在鲍叔牙的帮助下当上了齐国的宰相；伍举得到归生的举荐回国立下功劳。他们并非

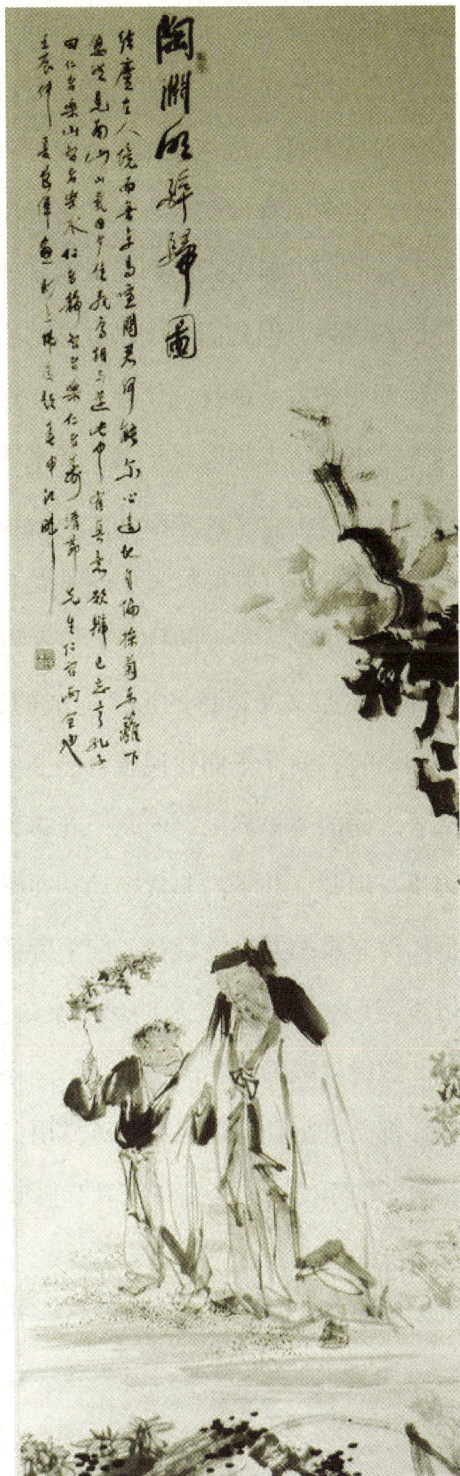

陶渊明採菊归来图

亲兄弟尚且如此，何况你们还是同一父亲的兄弟呀！"陶渊明还列举了汉末名士韩融，身居朝廷要职，活到八十岁还与兄弟在一起生活。西晋氾毓，是一名品行高尚的人，他们家七代同堂，共同拥有财产，但全家都没有怨言。《诗经》上说："对古人崇高的道德则敬仰若高山，对古人的高尚行为则效法和遵行。虽然我们达不到这样高的境界，但我们应该以真诚的心崇尚他们的美德，要以他们为榜样恭谨做人，那我就放心了。"这些话，语重心长，朴实无华。这封家书被后人称为诫子书。其宗旨是叫儿子们要团结友爱，互相扶持。表现了一个父亲对儿子们的关爱和殷切期望。他五个儿子从此和睦相处，没有辜负父亲的期望。

这封家书，最大的特点是沁人肺腑，极具感人的艺术效果。

作品原文是以诗的形式完成的，堪称一篇抒情诗，以简洁纯净的语言，向儿子们述说着自己一生的经历与情怀志趣。他突破了父子之间的尊卑界限，向儿子吐露衷肠，表达了对儿子们的愧疚和担忧。因此，儿子们非常感动，在感情上拉近了与父亲的距离，让他们深感震撼并自觉遵行。信中旁征博引，列举了管仲与鲍叔牙、伍举与归生的故事，来展现朋友之间的友爱和互相帮扶的作用，即"遂能以败为成，因丧立功"。还有韩融与氾毓的两个典故的引用，都具有很强的说服力，流露出父亲对孩子的引导与期待。所以从教子的角度讲，这是一篇具有典型意义的诫子书。

与子俨等疏

告俨、俟、份、佚、佟：天地赋命，生必有死，自古贤圣，谁独能免？子夏有言曰："死生有命，富贵在天。"四友之人，亲受音旨，发斯谈者，将非穷达不可妄求，寿夭永无外请故耶？

吾年过五十，少而穷苦，每以家弊，东西游走。性刚才拙，与物多忤。自量为己，必贻俗患，僶（mǐn）俛辞世，使汝等幼而饥寒。余尝感孺仲贤妻之言，败絮自拥，何惭儿子？此既一事矣。但恨邻靡二仲，室无莱妇，抱兹苦心，良独内愧。

少学琴书，偶爱闲静，开卷有得，便欣然忘食。见树木交荫，时鸟变声，亦复欢然有喜。常言：五六月中，北窗下卧，遇凉风暂至，自谓是羲皇上人。意浅识罕，谓斯言可保。日月遂往，机巧好疏，缅求在昔，眇然如何！

疾患以来，渐就衰损，亲旧不遗，每以药石见救，自恐大分将有限也。汝辈稚小家贫，每役柴水之劳，何时可免？念之在心，若何可言！然汝等虽不同生，当思四海皆兄弟之义。鲍叔、管仲，分财无猜；归生、伍举，班荆道旧。遂能以败为成，因丧立功。他人尚尔，况同父之人哉！颍川韩元长，汉末名士，身处卿佐，八十而终。兄弟同居，至于没齿。济北氾稚春，晋时操行人也，七世同财，家人无怨色。《诗》曰："高山仰止，景行行止。"虽不能尔，至心尚之。汝其慎哉！吾复何言。

陶渊明的这封家书，从教育的内容看，有两点可以汲取。

一是人格教育，陶渊明以他自己的生活态度、仕途经历及感受告诉孩子，在成长过程中要保持自己独立的人格。陶渊明在信中说："少学琴书，偶爱闲静，开卷有得，便欣然忘食。见树木交荫，时鸟变声，亦复欢然有喜。"陶渊明喜欢闲静自由的生活，喜欢读书，喜欢大自然。每读书有所收获，看到兴之所至便废寝忘食。为了生计，他也曾奔走于仕途，但是生性刚直不阿，他不愿意与世俗为伍，不愿意在官场无原则地逢迎权贵，在他任彭泽令一百八十天时，他说："不为五斗米折腰侍奉乡里小儿。"毅然辞去官职回归田园。这种不与世俗同流合污的高洁品格赢得了世人的崇敬。

他在家书中陈述了自己的生活情趣和态度，以及自己对官场的认识，也是在教育孩子要有品格、有节操，同时要谨言慎行，避祸远害，具有一定的生活哲理。

二是团结互助的精神，不仅兄弟间如此，与朋友交往也理应如此。他引用"四海皆兄弟之义"的历史人物和故事，很有说服力。团结互助既是一种品格，也是一种为人处世的方法，是孩子成长生涯中必备的素质。全篇侃侃而谈，充满了舐犊之情。

在家庭教育中，我们可以针对孩子思想和行为上存在的问题，借鉴陶渊明的这篇诫子书，晓之以理，动之以情，与孩子在感情上近距离地交流，同时借助事实、历史故事等来表达你的观点与态度，增强说服力。这比空洞的说教效果要好得多。和谐友善，在家庭教育中是不可忽视的，同样，也是社会主义核心价值观的重要内容。

十一、遇物而诲，择机而教——李世民教子

教育孩子，如果想取得好的效果，就要"遇物
而诲，择机而教"。所谓"遇物""择机"就是在
日常生活中随机随时对孩子进行教诲。

唐太宗李世民（599—649）是唐朝第二个皇帝，杰出的政治
家、军事家。在位期间，招贤纳谏，对内实行文治，对外开拓疆
土。在国内厉行节约，恢复和发展生产，使百姓得以休养生息，形
成了政治清明、经济繁荣、国泰民安的局面，开创了中国历史上著
名的"贞观之治"。

李世民不仅是一位开明的君主，还是一位懂教育，善于教子
的好父亲。他对臣子们说，教育孩子，如果想取得好的效果，就要
"遇物而诲，择机而教"。所谓"遇物""择机"就是在日常生活
中随机随时对孩子进行教诲。比如：太子李治吃饭的时候，父亲李
世民就对他说："你知道这白米饭是怎么来的吗？"李治说："孩
儿不知，请父皇明示。"于是李世民便从农民耕种土地开始讲起，
讲农民如何耕地，如何插秧，如何浇水灌溉农田，讲到收割碾米，
最后做成白米饭。接着李世民又说："凡稼穑艰难，皆出人力，不
夺其时，常有此饭。"意思是说："农民种地是很辛苦的，要付出
巨大的劳力，你懂得了这一点，不去占用他们劳作的时间，你就会

永远有饭吃。"

有一年秋天，李世民出去巡视，李治骑马跟从。休息时，李世民问李治："你对马了解多少？"李治摇摇头，说："不知。"李世民指着马说："这马很是辛苦的，人骑在它的背上，驾驭它翻山越岭，一路奔波，满身汗水。我们应该适当让它休息，劳逸结合，不然的话，我们哪还会有马骑呀？"接着李世民又说："百姓就像这匹马，他们把我们驮在背上，替我们劳作，我们也要爱护他们，让他们有休养生息的时候，这样我们才能永远有马骑呀！"

有一年夏天，天气炎热，李世民和太子李治在树下乘凉，李世民望着弯曲的树干，对李治说："你看这棵树弯弯曲曲，如果想把它锯成直板，必须用木工的墨线来取直。做君主也是一样，如果无道，就要虚心接受大臣们的谏言，这样才能成为明君呀！"

有一次李治和父亲一起乘船渡河，水流湍急，船一路摇晃。李世民问李治："这船这么颠簸，你不害怕吗？"太子李治低声说："我怕！"父亲说："你看这水，可以载舟，但也能覆舟。这船呀，就像我们做君主的，这水呀，就像是黎民百姓，他们可以把船浮起来，维护你的统治，但他们也能把船沉下去，推翻你的统治。你要明白呀！"

李世民教育孩子可谓用心良苦，他能够抓住生活中的每一件事，以小见大，不失时机地进行他所需要的君德教育。在方法上，总是采用合适的比喻深入浅出地来启发孩子，生动形象，避免了枯燥的说教。在他的启发下，孩子可以自己去领悟，把外在的启发教育转化为内在的自我教育，从而达到家长教育的目的。

这种教育方法适用于家庭教育，它的特点是灵活多样，随时随地都可以进行。在日常生活中可以随意选取任何生活场景和事例进行教育，不受时间、场地的限制。李世民很巧妙地利用吃饭、骑马、渡河、乘凉等日常的生活场景，非常自然而随意地教育了太子李治，不可以养尊处优，不可以和百姓产生矛盾，要让百姓休养生息，要善于听取臣子们的进谏。所运用的比喻非常形象生动，自然贴切，如春风化雨，李治受到了启迪，从中悟出了道理，这样的启发和感悟对于李治来说是深刻而难忘的。因此，这是非常值得借鉴的一种教子方法。

但是家长借鉴这种教育方法时，需要讲究教育的技巧和艺术。

第一，要善于捕捉生活中具有启发性和积极意义的场景和事例来对孩子进行相应的教育。比如，李世民是想教育李治将来成为明主，所以他要让李治明白百姓的作用与力量，得到百姓的拥戴，因此他就紧紧抓住生活中能够达到这一教育目的的事例，他选择了骑

马，从马的劳顿联想到百姓的休养生息；通过渡河让太子明白水可以载舟，也可以覆舟，君与民，就是舟与水的关系，使李治认识到人民的作用；他用长歪的树木讲道理，欲要直木，必取之中绳，从木匠依靠墨绳才能取得直木，来启发李治，要做一名开明的君主，需要依赖贤明的臣子，倾听他们的谏言，不要与百姓为敌。

在日常生活中，随时随地都有可以利用的素材，关键在于家长能否恰当地捕捉和运用，这就需要家长平时细心观察，明确培养孩子的方向和目标，有针对性地进行引导。

第二，要由小见大，深入浅出，善于运用生动的比喻来向孩子说明一个道理。生活是由一点一滴的小事组成的，但是往往可以从琐碎的小事中悟出大道理。李世民所利用的都是日常的小事，如吃饭，最平常不过，但是他就从中引申出老百姓耕种的艰辛，以此来告诫李治不可以养尊处优，要懂得"凡稼穑艰难，皆出人力，不夺其时，常有此饭"。从骑马联想到老百姓就像可以随意驾驭的马，由此引发出"能代人劳苦者，以时休息，不尽其力，则可常有马也"的结论。以此教育太子，当好国君，首先要"安民"，让人民休养生息。从乘船渡河，能联想到君与民的关系，"舟所以比人君，水所以比黎庶，水能载舟，亦能覆舟"。这是一个非常富有哲理的比喻，李世民充分认识到人民的力量，为了日后李治能维护住自己的统治，不被人民的洪水倾覆，李世民借此来告诫他要注意和百姓的关系，不能与民对立。这个深刻而形象的比喻，已经成为千古不变的为政之理。

唐太宗李世民对太子李治的这些教诲，都是从作为君主所应具备的治国安邦的基本素质出发的，并不是无的放矢，而是具有很强的针对性。我们在对孩子实施教育的时候，也要针对孩子的特点和需要，这样才能收到事半功倍的效果。

一代楷模

现在常用的成语"一代楷模"，就是出自李世民之口。《旧唐书·李靖传》："朕观自古以来，身居富贵，能知止足者甚少……公能识达大体，深足可嘉。朕今非直成公雅志，欲以公为一代楷模。"成语故事的意思是，李靖觉得自己在朝为官多年，功劳不小，是时候解甲归田了，想要急流勇退，免生后患。所以他借病奏书想要退休。唐太宗看了奏书，觉得十分恳切，就传了旨意："自古以来，富贵知足的人非常少，无论愚人还是智者，都莫能自知。有的人没有才能却也要占着官职，有的人有病了也不肯辞官，李靖能识大体，实在可嘉。我现在批准你的请求，成全你的志向，还想把你作为一个时代的楷模。"

第三，要善于选择合适的场景和机会，恰逢其时，有利于孩子欣然接受。日常教诲虽然有机动灵活、随时随地可以实施的特点，但是作为家长，也还要选择适当的场合，选择合适的事例来进行教育，才能如春风化雨、水到渠成。比如，同样是吃饭这一场景，李世民是循循善诱，引导出耕种的辛劳，要珍惜，才会有饭吃。如果我们家长在吃饭的时候，数落孩子："今天的饭好吃吗？你妈我容易吗？天天起早贪黑给你做饭，不就是想让你吃好、学习好吗？你不好好学习，对得起我吗？"这些话孩子肯定不爱听，还有可能直接扔下饭碗回自己房间了。如果妈妈这样做：看到孩子吃得正

香，说："今天的菜好吃吗？如果你爱吃，我还给你做，虽然做饭辛苦，但是你学习也不轻松，你拿成绩，我献厨艺，咱们来个竞赛吧！"这样孩子自然明白妈妈的辛苦是为了让他好好学习，但是妈妈又没有不厌其烦地絮叨，而是以厨艺来激发他学习的自觉性，孩子也会愉快接受，督促孩子学习的目的也达到了。

如果孩子正在学习，家长在旁边不停地和孩子说考试要考出好成绩，动机是好的，但是没有选对时机，孩子肯定不爱听，甚至很厌烦，这样做不但没有好的效果，可能还会适得其反。

有时候家长想鼓励孩子好好学习，经常会运用比较法，比如，两个家长和孩子在一起，互相夸奖对方的孩子如何好，又都在数落自己孩子有这样或那样的缺点和毛病，结果两个孩子都不开心，或者回到家里，孩子和妈妈大吵起来。家长是想通过表扬对方来提醒自己的孩子，使他认识到不足，动机没有错，但是忽视了场合，忽视了孩子的自尊心，使孩子难以接受。比较合适的处理方式应该是给两个孩子留有空间，让他们自己交流，根据他们交流的内容家长进行适当引导和启发，让孩子自己认识到不足，他就会接受家长的批评了。

李世民在行船渡河时对李治的引导就恰逢其时。船在水中剧烈摇晃，孩子产生了船会倾覆的恐惧，李世民自然地将舟与水的关系上升到君与民的利害关系上，李治对此也有了深刻的认识，终生都不会忘记。如果不是这样的场合，李世民在宫中给李治讲这个抽象的道理，那他很难理解得这么深刻。

著名革命家李大钊就很会利用日常生活中的事情来对孩子进行教育。有一年李大钊从北京回河北老家休假，给孩子们每人买了一份礼物：笔、墨、字帖。孩子们很高兴，立刻拿着自己的礼物开始写起字来。小女儿星华第一次写毛笔字，怎么也写不好，气得丢下笔跑到后院抹眼泪。李大钊见状，没动声色，过了一会儿，他把星华叫到桌前，指着她写的字说，你的字写得很好啊，只是你第一次写，还不大整齐，笔画有的粗，有的细，要是耐心地天天练，就会写好了。你看哥哥写得也不整齐，可是他不着急，能沉住气，所以慢慢就会写好了。星华听了爸爸的一席话，立刻认识到自己太急躁了。从此她开始每天练习写字，性格也逐渐变得沉稳了。

因为李大钊选对了教育女儿的时机，也照顾到女儿争强好胜的自尊心，所以女儿欣然接受了爸爸的意见，取得了很好的效果。

有位教育家说过："儿童一旦懂得尊重与羞辱的意义之后，尊重与羞辱对于他的心理便是最有力量的一种刺激。"在家庭教育中，尊重孩子的自尊心是取得良好教育效果的重要前提，这是需要家长注意的问题。

十二、李勣教子立家规

　　家规家训相当于一部家庭的法律法规，是家庭公约，是人人必须遵守的行为规范。我们面对孩子的教育，有时会束手无策，不妨也学学古人，立一个家规训诫，使孩子行有可依。

　　李勣是唐代的大将，唐初离孤（今山东东明）人，字懋公，本姓徐，名世绩。因避唐太宗李世民讳，改名为徐勣。官至司空（古代官名，仅次于三公，与六卿相当，与司马、司寇、司徒、司士并称五官，掌管水利、营建之事）、太子太师（古代官职名，与太子太傅、太子太保并称为"东宫三师"）、英贞武公。后来因为他对唐有功，高祖李渊赐给他李姓，故名为李勣。李勣不仅对朝廷功绩卓著，而且自己家规严格，教子有方。

　　历史记载，李勣七十九岁那年得了重病，卧床不起。当时

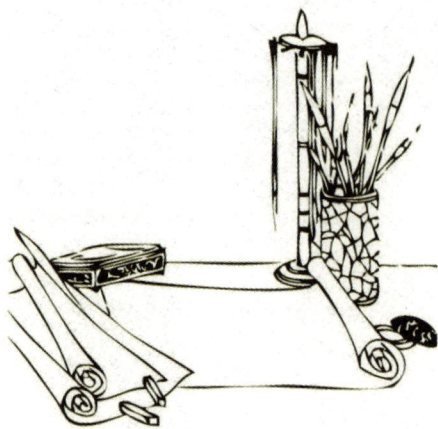

的唐高宗把李勣在外地做官的子孙都给召回来，让他们回家照顾生病的李勣。高宗和太子还赐给李勣药物，为他治病。后来他的病日渐加重，家里人为他请来医生，都被他拒之门外。他说："我本是山东的一个农夫，很幸运遇上了当今圣明的皇上，让我当官到了三公的地位，我现在已经年近八十，这不就是我的命运和寿数吗？人的生命是有期限的，怎么能靠着医生活着呢？"有一天，李勣觉得自己好了一点，便招呼他任司卫少卿的弟弟李弼，对他说："我今天好了一点，置办点酒席，咱们大家一起欢聚一次吧。"于是李弼准备了家宴，召集子孙与李勣一起共饮。在酒席上，李勣当着子孙们的面，对李弼说："我恐怕活不了几天了，今天在这里我就想借着酒宴和你们告别。你们不要悲伤哭泣，听我吩咐。我眼见房玄龄（唐朝初期的政治家）、杜如晦（唐朝初期的名相）等大臣一辈子不辞辛苦，精于公务，勤恳持家，才仅能自立门户。可是他们走后，子孙不孝，把家产败坏殆尽。我有这些子孙，今天在这里就都托付给你了，把我埋葬以后，你就举家搬到我的房子里来，抚养这些孩子们，对他们严格管教，如果他们有谁行为不良，品行不端，结交不正经的人，你就把他打死，然后告诉我就行了。"

李勣的临终遗言是在申明家规。中国自古以来就有重视家规的优良传统，俗话所谓"国有国法，家有家规"，就是重视家规教子的体现。李勣的家规很严格，原文中写道："其有志气不伦者，交游非类者，皆先挝杀，然后以闻。"在家规中，李勣把子孙的品德行为放在第一位，结交好的朋友是良好品行的表现。如果子孙品行不端，交友不当，宁可杀死也不留后患。制定严格的家规，其目的是为了避免子孙的不孝和败家。

> 离娄之明、公输子之巧，不以规矩，不能成方圆。
>
> ——《孟子·离娄上》
>
> 即使有离娄那样好的视力，公输子那样好的技巧，如果不用圆规和曲尺，也不能准确地画出方形和圆形。做任何事情都要有规矩，懂规矩，守规矩。社会是由人集合而成的。如果没有一个规矩来约束，每个人都各行其是，社会就会陷入无秩序的混乱中。正所谓"国不可一日无法，家不可一日无规"。

古代这样的事例很多，宋代的包拯是家喻户晓的黑脸包公，他已经成为公平正义的化身，人们心中铁面无私、刚直不阿的楷模。然而他又是一位严格治家教子的铁面父亲。《宋史·包拯传》记载，包拯曾立下这样的家规："后世子孙仕宦，有犯赃滥者，不得放归本家，亡殁之后，不得葬于大茔之中。不从吾志，非吾子孙。"意思是说："我的后代子孙如果做官，有贪赃枉法的，不许回到本家，死了不许葬在家族的墓地里。违背我的旨意，就不是我的子孙。"在我国古代，生不能入家族，死不得葬祖坟，是最严厉的惩罚。由此可见包拯对子孙的严格约束。这个教子之规影响深远。据说在包拯的家乡，安徽肥东县大包村有包拯后代三百多户，一千五百多人，至今很少有贪赃枉法、偷盗抢劫的。包氏后代与他人相处很礼让谦和，这与严格的家规家法有直接的关系。

古代名人的这些家规家训给了我们深刻的启示，作为教子的一种方式，有其借鉴意义。

首先，家规家训相当于一部家庭的法律法规，是家庭公约，是人人必须遵守的行为规范，具有很强的约束性。因而家规在中国是有传统的，具有几千年的历史，是治家教子的法宝。建立一部家庭法规，很有教育意义。

其次，家规具有严格性和强制性。在中国古代，官僚贵族和许多家族都有家规，而且他们的家规就是法律，违反了家规就要被严厉处罚。所以李勣的家规是："其有志气不伦者，交游非类者，皆先挝杀，然后以闻。"宁可杀死也不能容忍有不良品行的子孙存在。包拯的家规是："后世子孙仕宦，有犯赃滥者，不得放归本家，亡殁之后，不得葬于大茔之中。"这都是非常严厉的惩罚，对子孙的管控和教育起到了非常强的管制作用。

今天，我们面对孩子的

教育，有时会束手无策，不妨也学学古人，立一个家规，使孩子行有可依。但是，学习古人取其形式，不可取其内容，要摒弃古代传统家规中的封建糟粕，汲取传统家规中优秀的内容。家规的制定可以根据自己家庭的状况和传统，以及对孩子的培养目标和期待来制定。

第一，必须与我国的法律法规相一致，不能违背和抵触法律法规。比如，上面我们提到的两个家规，都不适合现代家庭使用。既不能"先挞杀"，也不能"不得放归本家"，不能违反我国未成年人保护法。对孩子不能抛弃、打骂、虐待，等等。

第二，要结合孩子的特点，有利于孩子的成长，有利于孩子的身心健康，有利于孩子综合素质的全面提高，将品德教育与学习上进结合起来，家规的制定要合情合理。奖励与惩罚措施和手段既要简单易行，又要能起到严厉教育孩子的作用。

第三，家长要给孩子起一个示范作用，做一个自觉遵守家规的榜样，这样才能树立家规的权威。

十三、谦虚内敛——郭子仪教子

"满招损，谦受益。"我们培养孩子谦虚内敛的为人处世态度很有必要，这既是孩子的立身之道，也是一种修养。

郭子仪（698—781），唐代大将军，政治家、军事家，具有"千古第一武状元"之名（唐代科举增加了"武科"，即加考军事和技击）。一生经历了唐玄宗、唐肃宗、唐代宗、唐德宗四帝。他两度担任宰相，曾经平定"安史之乱"，两度收复长安。永泰元年（765），击退回纥、吐蕃的联军入侵，保住了关中。他功勋卓著，声名远扬，是历代武状元中军功最为显赫者。大历十四年（779），郭子仪被尊为"尚父"，进位太尉、中书令。建中二年（781），郭子仪去世，追赠太师，谥号忠武。

郭子仪是一个功高震主的人物，他戎马一生，屡立战功，多次使大唐帝国转危为安。史书上称他为"再造王室，勋高一代"，"以身为天下安危者二十年"。他是历史上唯一一个由武状元而官至宰相的人。他不仅武功高强，还善于从政治角度观察、考虑问题，可谓文武兼备，忠智两全。在历代功臣中，能做到"功盖天下而主不疑，位极人臣而众不嫉，穷奢极欲而人不非之"，这是极不容易的。据记载，其家"八子七婿，皆贵显朝廷。诸孙数十，不能尽识，至问安，但颔之而已"。

中国当代作家柏杨说："郭子仪在历史上有崇高的地位，但几乎无人可比的却不是他的战功，也不是他身系国家安危的精神，而是他虽然享尽世间荣华富贵，而仍能保住人头，不被砍掉；身死之后，子孙还继续享福数十年，甚至百余年。"

郭子仪的生存秘籍就是谦谨收敛，他不仅自己做到了，而且教育子孙也做到了。关于他的轶事典故，历史上流传很多，如诚感鱼朝恩。唐代宗大历四年（769）的春天，郭子仪在抵御吐蕃时，监军太监鱼朝恩指使人暗中挖了他父亲的坟墓，大臣们都担心他会举兵造反，代宗也为这事特地慰问吊唁，郭子仪的几个儿子也说："鱼朝恩欺人太甚，应该给他点颜色看看。"郭子仪哭着说："我长期在外带兵打仗，不能禁止士兵损坏老百姓的坟墓，别人挖我父亲的坟墓，这是报应啊！不必怪罪他人。"后来鱼朝恩请郭子仪赴宴，宰相元载知道后，派人对郭子仪说："鱼朝恩的宴请对你不利，恐怕要谋杀你。"郭子仪的几个儿子和部下都要求一同前往。郭子仪坚持只带几个随从去，他对儿子说："我是国家的大臣，没有皇帝的命令，他们怎么敢动我？"到了宴会上，鱼朝恩看到郭子仪只带了几个随从，问郭子仪："怎么只带几个人？"郭子仪就把大家的担忧告诉了鱼朝恩，鱼朝恩感动得流泪，说："若非您是长者，能不起疑心吗？"事后，儿子们都很佩服父亲的胸怀。

郭子仪还曾恳辞尚书令。唐代宗任命郭子仪为尚书令，郭子仪恳辞不受。唐代宗又命五百骑兵持戟护卫，催促他到官署就职，郭子仪坚持不肯接受。他回复代宗道："太宗皇帝曾任此职，因此历代皇帝都不再任命。皇太子任雍王，平定关东，才授此官，怎能偏爱我，违背常规？而且平叛以后，冒领赏赐的人很多，甚至一人兼任多职，贪图官位而不顾廉耻。现在，叛贼已经平定，正是端正法纪，审查官员的最好时机，应从我做起。"代宗听罢，觉得郭子仪说得有理，就应允了，并将郭子仪辞职不受的事迹交给史官，写入国史，以教正后人。

郭子仪爵封汾阳王后，将王府建在长安的亲仁里，王府大门终日敞开，外人可以随意进出，不许家人阻拦。有一天，郭子仪部下的一名将军调到外地任职，特来王府向郭子仪辞行。此时郭子仪的夫人与爱女正在梳妆，郭子仪在为她们端水递手巾，将军回去后把这事告诉了家人，不久，此事传遍了京城。

郭子仪的几个儿子觉得这件事

有失父亲的面子，就跪请父亲关闭大门，保留父王的尊严。郭子仪语重心长地对儿子们说："我敞开府门，任人出入，不是图虚名，是为了保全我们全家呀。"儿子们不解其中的意思，一脸疑惑，郭子仪严肃地说："郭家表面上风光显赫，但是实际上处处潜藏着风险，我爵封汾阳王，荣华富贵已经达到顶峰。月盈则蚀，盛极而衰，这是自然规律。所以识时务的应该急流勇退，可是现在朝廷上正在用我，我如何能退？进退两难之际，如果关闭大门，有人结怨，污蔑我们对抗朝廷，嫉妒小人就会落井下石，那是要遭灭门之灾的呀！"

儿子们听了父亲的话很受启发。

郭子仪晚年退休以后，在家过着奢侈豪华的生活，但仍然保留着自己的处世原则。当时有一个奸臣卢杞来拜访他，他正与家中女眷们谈话，一听卢杞来了，马上命令家中的女人们都退到大堂后面，不准出来见客。等客人走了，夫人问他："平日接见客人，不避我们在场，今日来了一个书生，您为何这样谨慎？"郭子仪说：

"卢杞颇有才干，但心胸狭隘，相貌不佳，如果你们在场，一旦讥笑他的长相，他会怀恨在心。一旦他有权势，会杀了我们全家。"不久，卢杞做了宰相，曾经讥笑轻视他的人，都被他杀了。而对郭子仪，他认为郭子仪尊重自己，所以心存感激，保证他一家平安。

郭子仪因为善于修身自保，晚年得以善终。他处世最大的特点就是谦让谨慎，低调内敛。这是他得以成功的重要原因。他官至宰相，但从不骄傲自大。他担当朝廷重任二十年，任中书令二十四年，享有如此声誉，却从不骄纵蛮横，反而处处小心谨慎。在官场和个人利益面前，他懂得退让。面对皇上赏赐，如唐代宗任命他为尚书令，他执意不就，因为他深谙"月盈则蚀，盛极而衰"的道理。因此他教育子孙，也是要进退有节，见好就收。

郭子仪官职显赫，屡立战功，但他从不张扬。史料记载：他的王府大宅约占亲仁里四分之一的地方，与永巷相通，家有人口约三千之多，亲仁里的人居然还有不知道他住在这里的。因为他的内敛，没有引起人们的关注。

尽管郭子仪的处事原则多半是明哲保身，但是他教导子孙要"谦和待物，恭谨自持，居家临民，无骄怠之色，无奢侈之失"，还是非常可取的。他八个儿子、七个女婿都是朝廷位高权重的人物，其孙郭钊母亲为长平公主，但是郭钊从不依仗权势而自傲。常言道："恭逊虔恪，不以富贵骄人，士无贤不肖；接之以礼，由是中外称之。"郭子仪一家正因为如此，能世居高位、繁衍安康，不能不说是教子有方。

所以，我们培养孩子谦虚内敛的为人处世态度很有必要，这既是孩子的立身之道，也是一种人身修养。

满招损，谦受益。

——《尚书》

骄傲会招致损害，谦虚定会有所收益。明代心理学家王阳明说："今人病痛，大抵只是傲，千罪百恶皆从傲上来。傲则自高自私，不肯屈下人。故为子而傲不能孝；为弟而傲必不能悌；为臣而傲必不能忠。"

清代曾国藩曾说："卑让谦恭，甘于处下是美名，自高自大、侵夺欺凌，是自毁声名、自塞言路的隘途。谦虚谨慎的人，怨恨、非难不会牵扯到身上，却能够持久通达。自高自大、爱炫耀才能，并喜欢欺凌别人的人，走在人前时，有小人害他，当他有功绩时，有小人诽谤他；当他受毁败覆时，小人会幸灾乐祸。"毛泽东说过："谦虚使人进步，骄傲使人落后。"谦虚也是一种美德，是不断进步的前提，只有谦虚，才能认识到自己的不足，才能发现别人的长处，才能不断学习，不断充实自己。

如何做到谦虚？一要尊重别人，平等待人。善于发现和学习别人的长处。二要学会忍让宽容，善解人意。郭子仪为了日后家里的平安，他能尊重书生卢杞，为了保全他的面子，能一个人在大堂接见他。他竟然还可以忍受别人掘自己父亲坟墓的欺凌和羞辱，这需要多大的涵养啊！正因为他的善于容忍，才换来了家里世代兴旺安康。

要慎言。孔子早就说过："敏于事，慎于言。"这个"慎于言"并不是要小心翼翼，缩手缩脚，不敢说话，不敢表态。而是要教育孩子学会冷静沉稳，注意所要说的话与场合地点的关系。遇事说话前要经过周密思考，不可以鲁莽，不假思索地乱发言。

如何做到内敛？内敛就是学会低调不张扬、不虚荣。内敛既是一种较高的人生修养，也是人生观、价值观的体现。其实就是树立正确的人生观和价值观，正确对待金钱、地位、荣誉等，抵御外界的各种诱惑。老子的《道德经》说："知足不辱，知止不殆，可以长久。"意思为："知道满足，就不会受到羞辱；知道节制，就不会遇到危险。"汉代疏广、疏受叔侄两个深得老子这句话的精髓，二人官至太子太傅，俸禄二千石，正值飞黄腾达之时，疏广对其侄疏受说："吾闻知足不辱，知止不殆；功遂身退，天之道也。今仕至二千石，宦成名立，如此不去，惧有后悔。岂如父子归老故乡，以寿命终，不亦善乎？"叔侄二人遂辞去官职，告老回乡。历史上功成身退的事例很多，与我们现在的教育理念似乎并不协调，但是，古人的这些行为举止却告诉了我们什么是成熟，怎样才能在社会上立足，"知足不辱，知止不殆"是守住底线的基本道理。现实中，很多官员贪污腐败，正是因为没有理解这句话的深刻含义，没有守住做人的基本底线，没有经受住金钱权势的诱惑而导致的。还有很多"我爸是李刚""孩子的爸爸是严书记"的故事，都是肤浅的张扬，缺少内敛的修养，最终酿成了家庭的悲剧。对家长而言，教训都是沉痛的。

十四、柳玭的《诫子弟书》

> 做官要清正廉洁，不可滥用职权。然后才可以谈守法执法，公平守法执法之后才可以服人；为人正直不要去接近制造祸乱的人；为人廉洁不要去沽名钓誉。

在当今社会现实中，有一些为官子弟，在生活中，不经意间就滋生了优越感，特别是有些家长利用自己的工作便利和人脉关系，把孩子的一切都安排得很妥帖，一切都不需要孩子自己去努力，孩子对于家庭的优越感就会更严重，甚至依仗着自己父母的地位和权势，自以为高人一等，盛气凌人。唐朝有一个官吏叫柳玭，他继承自己的家风，根据当时的社会风气和自己为官的切身体会，写了一部《诫子弟书》，告诫自己的子孙切不要有为官家庭的优越感，而有恃无恐，非常具有现实意义。

原文这样写道：

> 夫门地高者，可畏不可恃。可畏者，立身行己，一事有坠先训，则罪大于他人。虽生可以苟取名位，死何以见祖先于地下？不可恃者，门高则自骄，族盛则人之所嫉。实艺懿行，人未必信；纤瑕微累，十手争指矣。所以承世胄者，修己不得不

恳，为学不得不坚。夫人生世，以无能望他人用，以无善望他人爱，用爱无状，则曰："我不遇时，时不急贤。"亦由农夫卤莽而种，而怨天泽之不润，虽欲弗馁，其可得乎！

予幼闻先训，讲论家法。立身以孝悌为基，以恭默为本，以畏怯为务，以勤俭为法，以交结为末事，以义气为凶人。肥家以忍顺，保交以简敬。百行备，疑身之未周；三缄密，虑言之或失。广记如不及，求名如傥来。去奢与骄，庶己减过。莅官则洁己省事，而后可以言守法，守法而后可以言养人。直不近祸，廉不沽名。廪禄虽微，不可易黎甿之膏血；榎楚虽用，不可恣褊狭之胸襟。忧与福不偕，洁与富不并。比见门家子孙，其先正直当官，耿介特立，不畏强御；及其衰也，唯好犯上，更无他能。如其先逊顺处己，和柔保身，以远悔尤；及其衰也，但有暗劣，莫知所宗。此际几微，非贤不达。

夫坏名灾己，辱先丧家，其失尤大者五，宜深志之。其一，自求安逸，靡甘淡泊，苟利于己，不恤人言。其二，不知儒术，不悦古道，懵前经而不耻，论当世而解颐，身既寡知，恶人有学。其三，胜己者厌之，佞己者悦之，唯乐戏谭，莫思古道。闻人之善嫉之，闻人之恶扬之，浸渍颇僻，销刻德义，簪裾徒在，厮养何殊？其四，崇好慢游，耽嗜麹蘖，以衔杯为高致，以勤事为俗流，习之易荒，觉已难悔。其五，急于名宦，昵近权要，一资半级，虽或得之，众怒群猜，鲜有存者。兹五不是，甚于痤疽。痤疽则砭石可瘳，五失则巫医莫及。前贤炯戒，方册具存；近代覆车，闻见相接。

夫中人已下，修辞力学者，则躁进患失，思展其用；审命知退者，则业荒文芜，一不足采。唯上智则研其虑，博其闻，坚其习，精其业，用之则行，舍之则藏。苟异于斯，岂为君子？

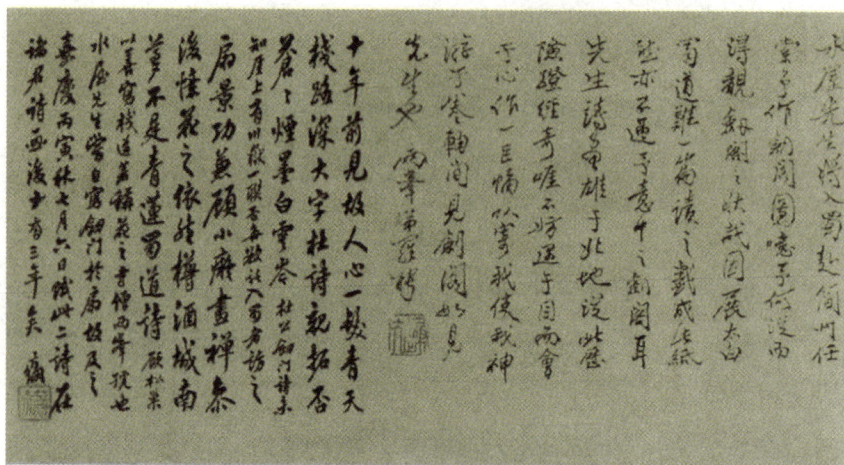

意思是说：凡是高门望族之家，要心存戒惧，而不可有恃无恐。我说的可畏，是指立身使自己有德，如果一旦不慎而有违于先贤的教诲，那么过失就会比他人更大。虽然活着的时候可以苟且求得名位，但死了以后有什么脸面见祖先于地下？我说的不可恃，是指门第高容易自高自大，家族兴盛容易遭人嫉妒。即使有实在的技艺和美好的德行，别人也未必相信；哪怕一点微小的毛病和错误，都会遭到人们的指责。所以，世家大族的后人，自修其身一定要诚恳，对学问的讲求一定要坚定。人生在世，没有能力却希望得到重用，没有德行却希望得到别人的尊敬，如果得不到就发牢骚说："我生不逢时啊！这个时代不需要贤才啊！"这就如同农民平时不用心去种地，秋天没有收成却埋怨上天雨水滋润得不够一样，这样还不饿肚子，怎么可能？

我小时候就聆听过祖父讲家训和家法。他告诉我：立身要以孝顺父母、敬爱兄长为基础，以恭敬淡泊为根本，以小心谨慎为要务，以勤劳节俭为行为准则；以拉拉扯扯与人交结为末端小事，以只讲私人义气的为凶险小人。要想使家庭兴旺发达，就必须忍让和顺，要保持朋友的情义，就必须诚实恭敬。对自己多方面严格要求而使自己具备各种品德，还唯恐有所失误；虽然努力控制自己的言语，还担心言之有失。即使有广博的知识，也还有所不及，求取功名不要刻意去追求，即使得到了，也不要把它看得太重，只当是偶然得来。要克服贪鄙、吝啬和骄奢淫逸的习气。如果做到这些，就可以减少错误和过失。

做官要清正廉洁，不可滥用职权。然后才可以谈守法执法，公平守法执法之后才可以服人；为人正直不要去接近制造祸乱的人；为人廉洁不要去沽名钓誉。俸禄虽少，但不可以随意搜刮百姓的血汗；公堂上的刑具虽要使用，却不可凭自己狭窄之心而为所欲为。忧患与幸福不会同时拥有，廉洁与富有不会同时存在。常见世家的一些子孙，他们的祖先正直，光明正大，不畏强权；等到其家衰微的时候，只喜好以下犯上，再没有其他能力。如其先人谦恭律己，温顺保身，以远离过失；等到其家衰微的时候，仅仅有隐藏不露的劣迹，而不知道它的本源。这里的一些细微的道理，不是贤者是不可能通达理解的。

凡是损名害己、有辱家风的，其有五个方面的过失，你们要牢牢记住：其一，追求安逸，不甘于恬静寡欲，只要有利于自己，则不择手段，一意孤行，不顾及别人的议论。其二，不懂得儒术，不喜欢古代圣贤的教导，不懂先前的规矩却不感到羞耻，喜欢妄加议论当世，以自我解嘲而已，自己不学习，没有知识，却又厌恶和妒忌别人有学问。其三，对超过自己的人就讨厌，对奉迎自己的人就喜欢，只乐于嬉笑言谈，而不去思考圣贤之道。听说别人有好事就妒忌，听说别人有丑事就到处张扬，自己的身心已经被邪恶和谗言浸坏了，损害了道德仁义。这些显贵们白白地活在世界上，与那些低贱的人有什么区别呢？其四，游手好闲，酗酒成性，以饮酒享乐为高雅，以勤勉做事为俗流，学习之道荒废了，等到明白过来又后悔莫及。其五，急于求得功名富贵，千方百计趋炎附势。一职半级，不择手段可能会得到，但也会受到众人的愤怒与不满，很少有维持长久的。总之，这五个方面的问题，比疥疮更可怕。疥疮还可以用针石治疗，而这五种过失则连巫师、医生也束手无策。前贤这些明白的训诫，书籍上都清楚地记载着，近代一些错误的做法，所闻所见接连不断。

至于普通人就更不用说了。一些研究词句、致力于学问的人，则急躁冒进而又患得患失，试图施展自己的能力；一些能审察命运的变数、知难而退的人，则学业荒废、文章杂乱而一无所取。只有圣人君子能研究其谋略，拓展其知识，执着其学问，精深其业务，用之则可行，舍弃之则可藏。如果做不到这些，又怎能算得上是君子呢？

柳玭出生于世代为官的家庭，他的祖父柳公绰曾任校书郎、吏部尚书、兵部尚书等职，以"理家甚严"教子有方而闻名，世称"柳氏"。柳玭的叔祖父、大书法家柳公权，为官刚正，深得世人赞誉。柳玭的父亲柳仲郢入仕后，在当时的重臣牛僧孺手下为官，他行为处世皆以父亲为楷模。牛僧孺感叹道："如果不是历代道德教化，怎么能达到这样高的境界？"柳玭本人则担任过吏部侍郎、御史大夫、泸州刺史等官职，一直享有清廉忠正的名声。

当时被称为"河东柳氏"的严格治家之风，造就了柳家一批杰出人物，他们的家风家训也被人称颂。

柳玭当时所处的时代，正是黄巢起义前后的唐朝末年，当时朝政混乱，世风日下。很多贵族子弟凭借权势为所欲为。有的家庭虽然先辈为官正直清廉，但是子孙却胡作非为，家风衰落。看到这些现状，柳玭深感忧虑，他总结柳家世代的教育经验，结合自己为官的切身体会，撰写了这篇《诫子弟书》，告诫子孙后代不要依仗门第高贵而骄奢淫逸、胡作非为，要继承、发扬柳家的优良家风，把自己培养成品德高尚的人。

在《诫子弟书》中，主要体现了三个方面的内容：

第一，告诫子孙后代，要严于律己。

柳玭在这篇家训中告诫子孙后代，"门地高者，可畏不可恃"，所以要格外谨慎。门高不慎，则易为人所诟病，不仅有辱家风，更易于骄傲，易犯安于逸乐、不学无术、妒贤嫉能等过失。这是最需要警惕的。因此，承袭世家门第，对自己的修养不能不恳切，要求自己不能不严格；治学不能不坚持。他指出：人生在世，自己没有真正的本领，还希望别人能重用；自己德行不够，还希望得到别人的尊敬；自己有问题，不知道反省，反而怨天尤人。这是做人的一大忌讳。

第二，告诫子弟，如何为官。

柳家世代的家训是：立身要以孝顺父母、敬爱兄长为基础，以恭敬淡泊为根本，以小心谨慎为要务，以勤劳节俭为准则，以与人交结为小事，以讲私人义气为恶人。要想使家庭兴旺发达，就必须忍让和顺，要保持朋友的情义，就必须诚实恭敬。

这是柳家传统的为人处世的原则和规矩。他还说："百行备，疑身之未周；三缄默，虑言之或失。"意思是说，即使自己已经做得很好了，也要常常反思，自己是不是待人接物有不够周全的地方？遇事有没有不够检点的时候？自己的言行是不是做到了谨言慎行？自己在学习上是否做到了博学？一定要去掉骄傲之心和贪弊之想，才会免于祸患。这也正是柳家世代高官，子孙却没有流于贪鄙

吝啬、骄奢淫逸的主要原因。

对于为官执政，柳玭认为应该这么做：在官位上要清正廉洁，而后才可以谈守法执法，公平守法执法之后，才可以培养人才，为官正直不要沾染祸事，为人廉洁不要去沽名钓誉。薪俸虽少，却不可以搜刮民脂民膏。公堂的刑具不可凭自己狭隘之心而为所欲为。

他警告后代：忧患与幸福不会同时拥有，廉洁与富有不会同时并存。所以，单纯追求幸福，恐怕会惹出祸患；只会享受富贵而不顾廉洁，也会有灾祸。

第三，告诫子弟，要戒除五种陋习。

他告诫子弟说：这五种陋习的危害，比身上长了疥疮还严重，疥疮还可以用针石等治疗，而这五种陋习即便是巫医也无法医治。关于提醒高门子弟要戒除的这五种陋习，在前贤的书籍上都清楚地记载着，只是近来社会上因这些陋习而颠覆了家门的教训屡屡发生，前贤的训诫和近人的覆辙，你们要牢牢记住，引以为戒呀！

柳玭的一番教导，得益于祖训。《旧唐书》说："初公绰理家甚严，子弟克禀诫训，言家法者，世称柳氏云。"

柳玭的祖父柳公绰对子女们要求十分严格，每到灾荒的年月，家中虽有储备，但摆在孩子面前的只有一碟菜。柳公绰对子侄们说："你们爷爷在世的时候，曾经因为我们兄弟学习不好，就不给我们肉吃，我们终身没有忘记他老人家的教诲啊！"柳家子侄们听后很受教育。柳公绰试图通过这种方法，教育子孙一方面要勤俭持家，同时还要勤学苦读。

柳公绰非常重视长幼之序，他在外任官时，一次儿子柳仲郢前来看望。柳公绰要求他在距离衙门很远的地方就要下马，以表示对长辈的尊敬。同时还要求他尊重府中的各级职员，不要因为职位低而轻视他们，要对他们行晚辈之礼。

《诫子弟书》从做人到治家，集中体现了柳氏家训的精髓，历史上不肖子孙败家的事例比比皆是。因此，柳玭这篇家训应特别引起那些身兼政府公职的家长、家庭条件优越的子弟的重视、警惕、思考和注意。

柳玭的《柳氏叙训》与《颜氏家训》齐名，这是柳玭对柳氏家族传承下来的家风家教的总结，对后世子孙仍然具有教育意义。

《柳氏叙训》

柳玭，是柳仲郢之子，柳公绰之孙，唐末人。他著有《柳氏叙训》一书，记录了他从家族前辈处所见所闻的自祖父柳公绰以后的家族内外轶事，叙述柳氏家法的基本原则，用以告诫家族子弟务必遵循礼法，保持家族的世业，并对当时之种种贪渎不良行为予以批评。此书可谓柳氏家法、家训的集大成者，因而被后世许多学者反复称道，在中国古代家训文化史上占有重要地位，被认为是我国古代家庭教育史上一部比较系统和完整的家法，与《颜氏家训》齐名。可惜原书在明以后失传，部分内容散存于《新唐书》《旧唐书》等文献中。

十五、司马池教子诚实

　　诚实，是人品质修养的重要方面，历来古今中外的有识之士都非常重视这一点。但是诚实不是天生就有的，它是家庭和社会共同孕育出来的。

　　司马光的父亲司马池是北宋时期的官员，字和中，是晋朝安平王司马孚的后代；父亲司马炫官至太子太傅，但在司马池很小的时候就去世了。当时虽然司马炫家产数十万贯，但司马池只专心读书，把家产都让给了伯父、叔叔们。宋真宗景德二年（1005），司马池考中了进士。任永宁县（今洛宁）主簿，主管文书簿籍及印鉴，属于文官。隋唐以后，主簿一职是部分官署和地方政府的事务官。上任以后，司马池非常廉洁，上下班只骑着一头小毛驴，对傲慢的县令不卑不亢，引起县令对他的不满，于是进谗言将司马池降为县尉，调到四川郫县一带。当时郫县正值动乱，社会上谣传守边部队要叛乱，人们纷纷外逃，县令也谎称有病在家避乱。司马池临危受命，代管全县事务。他一边做好防范工作，一边安抚民心，很快郫县就稳定下来。司马池的功绩得到了朝廷的认可，后来调任他担任光山知县。因为司马池工作尽职尽责，又富有才干，得到宋仁宗的赏识，调他到自己身边工作；由于功绩卓著，后来又提升他为晋州知府，六十二岁时去世。

司马池虽然一生为官，但他廉洁自律，俸禄之外的钱财分文不取，一家人一直都过着清贫的生活。他对孩子要求很严格，不仅教育他们生活要节俭，还特别重视品德的培养，教育孩子诚实做人。所以他给儿子司马光取了个名叫君实。司马光就是在父亲严格管教下成长起来的。在司马光六岁的时候，一天，姐姐拿来一个带皮的核桃给司马光，司马光想剥掉核桃皮，用嘴咬，用石头砸，都没有把皮去掉，气得他把核桃扔掉了。这时一个佣人看见了，把核桃捡起来，扔到盛满开水的碗里一烫，再用小刀轻轻一刮，皮就掉了。司马光高兴地接过核桃跑到姐姐那里，姐姐问："是谁教你把核桃皮弄掉的？"司马光说："是我自己想出来的办法。"正巧这时父亲司马池进来，听见了司马光的话，觉得有些不对，就进一步追问司马光："这办法真是你自己想出来的？"司马光在父亲的追问下有些害怕，就支支吾吾地不知说什么好了。父亲见他这个样子，就知道司马光说谎了，父亲严厉地训斥他说："小孩怎么能说谎呢？一个人聪明是好事，但诚实比聪明更重要。一个人如果不诚实，就会失去别人对你的信任，就不会有威严，将来就会一事无成。我希望你做一个诚实的孩子。"在父亲的训诫下，司马光知道自己错了，就低着头说："孩儿错了，以后再也不说谎了。"

司马光在父亲的严格要求下，诚实节俭，虚心好学，二十岁时就考中了进士。后来在朝中担任谏官，始终清正廉洁。而且总是实事求是地向皇上反映现实情况，提出利民利国的建议。直到年老退休，仍然保持着诚实正直的品格。他家里有一匹病马，一天，他让人把这匹病马拉到集市上卖掉，他再三叮嘱家人，说："这匹马有肺病，天气热了就干不了活了，谁要买，一定得如实地告诉人家呀。"父亲的教诲他一辈子都没有忘记。

诚实，是人品质修养的重要方面，古今中外的有识之士都非常重视这一点。但是诚实不是与生俱来的，它是家庭和社会共同孕育出来的。说谎对孩子成长的危害很大。18世纪英国教育家洛克曾经说过："撒谎是一种极坏的品质，是许多恶德的根源和庇护者。"而孩子最容易学会撒谎，用洛克的话说："撒谎是遮掩任何不良行为的一种极简便、极便宜的方法。"有时孩子做错了事，怕父母或老师发现，担心挨批评或者挨打，就常常用谎言欺骗家长和老师；还有的孩子出于虚荣，喜欢表现自己，往往会把别人做的好事说成是自己做的。而家长往往忽略这一点，觉得孩子还小，说一点小小的谎言不算什么，甚至有的父母还觉得自己的孩子聪明，能想出欺骗自己的理由，因而并不在意对孩子这方面的教育。如果孩子小时候喜欢撒谎，家长不去纠正，孩子会形成一种习惯，这种习惯是贻害无穷的。以前民间流行《狼来了》的故事，放羊的孩子说谎的下场就是自己被狼吃掉了。因此在孩子的教育中，培养孩子诚实守信的品格是使其能够立足于社会的重要根基。司马池对儿子进行诚实教育，可谓一名智者。

那么，如何纠正孩子说谎的习惯，培养孩子诚实守信的品格呢？

首先是重视正面教育。孩子还小，没有分辨是非的能力，家长应该多给孩子讲正面的故事，不说假话的道理，以及说假话的后果。中国历史上很多伟人都是以诚信成就大业的，如管子、商鞅、诸葛亮等，他们都是一诺千金、勇于担当的君子。这样的故事很多，包括很多寓言如《狼来了》等，都是教育孩子诚实守信的素材。

商鞅立木取信

商鞅任秦孝公之相，欲为新法。为了取信于民，商鞅立三丈之木于国都市南门，贴出布告，若百姓有能把此木搬到北门的，给予十金奖赏。百姓对这种做法感到奇怪，没有敢搬这块木头的。随后，商鞅又布告国人，能搬者给予五十金奖赏。有个胆大的人扛走了这块木头，商鞅立马就奖给他五十金，以表明诚信不欺。这一立木取信的做法，让老百姓确信新法是可信的，从而使新法顺利推行实施。

其次是找出孩子说谎的原因。知道孩子说谎了，先不要劈头盖脸地批评指责，要先找出孩子说谎的原因，然后对症下药。孩子说谎，通常有这样几种情况：

一是孩子为了满足虚荣心。孩子无论大小，都会有虚荣心，只是程度不同而已。所有的孩子都有一种共同的心理状态：希望引起别人的关注，希望家长和老师喜欢他，表扬他、夸奖他，希望小朋友或者同学都愿意和他玩，接纳他。因此，有的孩子就会编造一些谎话来试图达到上述目的。司马光剥核桃的谎言就是出于这样的心理，他希望听到爸爸妈妈的夸奖："你真聪明。"在日常生活中，这样的事例很多，多数都是一些小的事情，不太引起家长的注意，对孩子的话，爸爸妈妈表扬一句就完事了，不太会放在心上。但是，孩子的目的达到了，虚荣心得到了满足，下次还会编造另一个谎言，久而久之，就成了习惯。

二是想逃避训诫和家长或老师的惩罚。有这样心理的孩子往往都是行为上有错误或者某件事做得不够好，自己知道错了，知道应该受惩罚或训斥批评，心中有畏惧感，所以想办法编造谎言，逃避惩罚。这样的例子比比皆是，如孩子可能因为贪玩没写完作业，家长或老师询问，为什么没写完作业？如果他如实说"我不愿意写，我玩忘了"，肯定会遭到一顿怒批，或者一顿胖揍。所以他就得想办法说个谎话，用"我今天头痛"或者"我今天肚子痛"之类的谎话来搪塞父母或老师。现实中还有很多孩子沉迷于网吧、游戏厅，每天早上照样起床上学，但却没有去学校，而是以谎言哄骗父母，对老师就说自己病了，这种情况令很多家长头痛。

三是不良环境的影响。孩子成长的环境和家长的行为习惯对孩子有着潜移默化的影响，很多家长忽略了这一点。平时说话做事不大在意，大人之间有需要说谎的时候，并不在意孩子在不在面前，甚至有的家长还教孩子说谎话。如不想接某人的电话，就告诉孩子："你就说我不在家。"母亲买一件新衣服，有点贵，孩子看见了，母亲会说，别告诉你爸。甚至有的学校老师自习课上离开教室，告诉学生，校长来检查，你们就说我去卫生间了。诸如此类，数不胜数。这样的事情接触多了，孩子不仅学会了说谎话，还会觉得说个谎言没什么大不了的。

另一个不良环境就是孩子在家庭之外所接触的人，如周边邻居，或者学校里经常在一起的同学，这些人习惯于说谎话，对孩子都会产生不良影响，会让孩子产生错觉，说个谎话，达到目的，换来相安无事。久而久之，孩子就习惯了说谎，而且不认为这有什么不对。

不同年龄的孩子，说谎的目的和含义是不一样的，说谎话的程度也不一样。所以家长要善于分析，找出孩子说谎话的动因，进行积极的引导。具体的方法是：

第一，了解孩子的需求，了解孩子的心理活动和事情的经过，用温和与贴切的语言去启发和引导孩子说实话，说出事情的真相和自己的真实想法。然后帮助孩子去克服困难，去实现自己的想法和想要的结果，在这个过程中积极正面去引导和教育他，做得好，及时给予奖励。然后指出说谎话的危害和严重后果，并对其说谎话的行为进行严厉批评，消除说谎的动机，鼓励他诚实地做事。司马池对司马光的训诫就是在了解了事情的真相之后，对司马光进行了说理教育，所以司马光很快就认识到自己做错了，而且这一件事让他记忆终生，对其一生都起到了积极的作用。但是切记慎用粗暴的体罚和打骂，这样会使孩子更不敢说实话，他会编造更巧妙的谎言来欺骗家长。

第二，要适当保护和正确引导孩子的虚荣心。每个人都有虚荣心，无论大人还是孩子，只是程度不同而已。家长应该正确地引导，把虚荣心作为促进孩子进步的动力，但是要教育孩子不可过度虚荣。比如，一般的小孩都喜欢家长夸他，司马光的撒谎就是基于这样的心理。孩子做了正确的事，需要鼓励。孩子在成长过程中的每一次进步都应该给予鼓励，让孩子有成就感。在得知孩子为了虚荣而说谎时，要及时地揭穿谎言，并给孩子讲清楚说谎的危害，引导孩子正确对待别人的夸奖。

第三，家长要做诚实的榜样。家长要以身作则，诚实守信。孩子的模仿能力是很强的，如果家长经常在孩子面前说谎话，那么，耳濡目染，孩子就会效仿。所以，家长要不断加强自身的修养，做一个诚实守信的人。诚实守信是中华民族的传统美德，中国人历来都把这一点作为衡量一个人道德品质的重要内容。古代先贤守信践诺的故事很多，曾子杀猪的故事就是非常典型的事例，曾子充分认识到了家庭教育中言传身教的重要性，所以他不惜杀猪来兑现自己的诺言。家长的以身作则是教育子女成功的保证。家长自己本身的修养达到了诚实守信的境界，在孩子面前自然也就讲真话了。孩子具备了诚实守信的美德，那么长大以后，无论做人、做事、人际交往，就都有了根基。

第四，尽量为孩子创造良好的成长环境。千百年来，"孟母择邻"的故事在家庭教育中流传不衰，说明了环境对孩子的成长至关重要，被人们称为"无言之教"。成长环境对儿童的心理和行为都产生着潜移默化的影响。因此，自古就有"择邻而居"之说，即"君子居必择乡，游必就士，所以防邪僻而就中正也"。

十六、司马光的《训俭示康》

节俭，是最好的品德；奢侈，是最大的恶行。
有德行的人都是从节俭做起的。节俭，是中华民族
的优良传统。

司马光，是北宋时期著名的政治家和史学家，不朽的历史著作
《资治通鉴》的编撰者。他出生在一个贫寒之家，有世代相传的俭
朴家风，这使他从小就养成了节俭的良好品行。《训俭示康》阐释
了节俭的重要意义，是司马光写给他的儿子司马康，教导他崇尚节
俭的一篇家训。

司马光所生活的北宋时代，世风日下，奢靡之风盛行。人们
竞相讲排场、比阔气。许多人为了酬宾会友常常"数月营聚"，
大操大办。这种铺张浪费、比阔夸富的风气，让司马光感到深深的
忧虑，他担心这样的社会风气会腐蚀年轻人的思想。为使子孙后代
避免不良社会风气的影响和侵蚀，司马光特意为儿子司马康撰写了
《训俭示康》家训，以教育儿子及后代继承发扬俭朴家风，不要奢
侈腐化。

司马光以自己年轻时不喜华靡，注重节俭，来对儿子康进行现
身说法，写得真切动人。

他说："我本来出生在卑微之家，世世代代承袭清廉的家风。

我生性不喜欢奢华浪费。从幼儿时起，长辈给我金银饰品，让我穿上带有金银饰品的华丽衣服，我总是感到羞愧。"

宋代是一个以科举取士的年代，每次科举考试结束以后，皇帝都要为新考取的进士举行庆功宴，在宴会上，每一个中举的人都要戴上一朵花。司马光二十岁时考中科举，在喜庆的宴会上，只有他没有戴花。与他一起中举的人说："这是皇帝的恩赐，不能违抗。"于是他才在头上插一枝花。司马光认为，人一辈子对于衣服的需求就是可以御寒就行了，对于食物的索取就是能充饥就可以了。他在《训俭示康》中说："一般的人都以奢侈浪费为荣，唯独我以节俭朴素为美，人们都讥笑我固执鄙陋，我不认为这有什么不好。孔子曾说：'与其骄纵不逊，宁可简陋寒酸'，因为节约而犯过失的是很少的。"孔子还说："想探求真理但却以穿得不好吃得不好为羞耻的读书人，是不值得跟他谈论真理的。"古人尚且把节俭看作美德，而当今的人却以节俭为耻，这是不正常的现象啊。

对于当时流行的奢侈浪费之风，司马光深恶痛绝。他说："我记得天圣年间我的父亲担任群牧司判官，有客人来都要招待，有时行三杯酒，或者行五杯酒，最多不超过七杯酒。酒是从市场上买的，水果只限于梨子、枣子、板栗、柿子之类，菜肴只限于干肉、肉酱、菜汤，餐具用瓷器、漆器。当时士大夫家里都是这样，人们并不认为有何不妥。聚会虽多，但只限于礼节上的往来，虽然是粗茶淡饭，但情谊深厚。可是近来士大夫家置办酒宴，酒必须是按宫中的方法酿造的，水果、菜肴必须是珍品特产；如果食物品种不多、餐具不能摆满桌子，就不敢约会宾客好友，常常是要筹办几个月，然后才敢发邀请。否则人们就会责怪他，认为他吝啬。唉！风气败坏成这样，有权势的人却不禁止，怎么忍心助长这种风气？"

司马光还在《训俭示康》中列举了曾经担任宰相的李文靖公，在封丘门内修建住房，厅堂前只留了能够让一匹马转过身的地方。参政鲁公担任谏官时，真宗派人紧急召见他，是在酒馆里找到他的。入朝后，真宗问他从哪里来的，他据实回答。皇上说："你担任重要显贵的谏官，为什么在酒馆里喝酒？"鲁公回答说："臣家里贫寒，客人来了没有餐具、菜肴、水果，所以就只好在酒馆请客人喝酒。"皇上因为鲁公没有隐瞒，更加敬重他。宰相张文节，自己生活俭朴，与他亲近的人劝告他说："您现在领取的俸禄不少，可是自己的生活这样清廉节俭，外面有很多人对您有微词。您应该随俗呀。"张文节叹息

说："我现在的俸禄，即使全家穿貂裘绸缎、食膏粱鱼肉都是足够的，但是人之常理，由节俭到奢侈容易，而由奢侈再回到节俭就难了。我难道会一直拥有现在这么高的俸禄吗？如果有一天我不再当官或者死去，家里的人已经习惯了奢侈，不懂得节俭了，那时候生活就会很艰难了。"司马光认为这才是贤者的深谋远虑。

司马光还引用了春秋时鲁庄公的大夫御孙说的话："俭，德之共也；侈，恶之大也。先君有共德，而君纳诸大恶，无乃不可乎！"当年鲁庄公将要迎娶姜氏，就把鲁桓公的宫庙进行了装饰，采用天子之礼，把房梁都给重新雕刻了，不合于当时的礼法，因此御孙大夫要劝阻鲁庄公。意思是：节俭，是最好的品德；奢侈，是最大的恶行。有德行的人都是从节俭做起的。因为，节俭就少贪欲，有地位的人如果少贪欲，就不会被外物所累，就可以走正直的路。没有地位的人少贪欲，就能约束自己，节约费用，避免犯罪，使家室富裕。所以说，节俭是最好的品德。奢侈就多贪欲，有地位的人如果贪欲，就会爱慕富贵，不走正道，招致祸患；没有地位的人多贪欲，就会多方营求，随意挥霍，败坏家庭，丧失生命。因此，做官的人如果奢侈必然贪污受贿，平民奢侈必然盗窃别人的钱财。所以说："奢侈，是最大的恶行。"

司马光还列举了古代先贤的生活情形来进一步说明节俭的意义："古时候正考父用粥来维持生活，孟僖子推断他的后代必出显达的人。鲁国大夫季文子辅佐鲁文公、宣公、襄公三君王时，他的小妾不穿绸衣，马不喂小米，当时有名望的人认为他忠于公室。管仲使用的器具上都雕有精美的花纹，戴的帽子上缀着红色的帽带，住的房屋梁上雕刻着山岳图形，装饰着精美的图案。孔子看不起他，认为他不能干大事。卫国大夫公叔文子在家里宴请卫灵公，史鳅推知他必定遭遇祸患。他去戍边时，果然由于暴富而获罪，逃亡在外。何曾每天的饮食就要花费一万铜钱，到了他孙子这一代就因为骄奢而倾家荡产。西晋石崇经常夸耀他的奢靡生活，最终死于刑场。近年寇准的豪华奢侈堪称第一，但因他的功绩大，人们没有批评他，他的子孙习染了奢靡的家风，现在大多穷困了。其他因为节俭而成名的，因为奢侈而衰败的人还很多，不能一一列举，姑且举出几个人来教导你。你不仅自己应该节俭，还要教导你的子孙，让他们了解前辈节俭的家风和传统。"

司马光不仅是政治家和史学家，还是一代著名的教育家，他的有关家教的著作还有《家范》《居家杂仪》，被历代人奉为经典。司马光认为，好的品德是要通过节俭来培养的，所以他把培养节俭作为教育后代的重要内容。这篇《训俭示康》，作为家教的典型作品，司马光主要从以下几个方面入手：

第一，以自己年轻时不喜奢华，注重节俭的品格和崇尚俭朴的良好家风进行现身说教。在作品的开端，司马光就说："吾本寒家，世以清白相承。"开宗明义，点明俭朴是他们的一贯家风。虽然自己年轻时因为不喜欢奢靡而被世人讥笑，但自己不以为然。这就为结尾教训儿孙养成崇尚俭朴的品格，保持传统家风做好了铺垫。然后以自己的三件事来进一步说明自己不喜欢奢靡的性格与作风：一是幼儿时就不喜欢穿着金银华美之服；二是考中进士，参加闻喜宴独不戴花，经同年规劝，乃簪一花；三是平生衣取蔽寒，食取充腹。"众人皆以奢靡为荣，吾心独以俭素为美。人皆嗤吾固陋，吾不以为病。"因为文章是写给儿辈看的，在文中列举自己的生平事迹，现身说法，真切动人。同时也表明了自己坚持俭朴家风的决心。这也是一种激励，为儿孙树立了榜样。

第二，针对当时世风趋向奢侈靡费，讲究排场，教育儿子应该抵制这些不良之风，保持自己的良好家风。司马光列举了世俗奢靡的具体表现：一是衣着华丽，二是饮食趋向精细丰腴，他将宋初和近些年士大夫家宴客排场进行了对比。衣食尚如此，其他便可想而知。列举两点以赅其余，起到了举一反三的作用。最后以一个反问句感叹："嗟乎！风俗颓弊如是，居位者虽不能禁，忍助之乎？"唉！风气败坏成这样，有权势的人却不禁止，怎么忍心助长这种风气？对居高位者的随波逐流，进行了委婉地批评。

同时又举出宋朝初年李、鲁、张三人崇尚节俭的事例来反衬近年来与宋初风俗习惯的不同。宰相李文靖公建房厅接待公务仅容得下一匹马转身，他并不以为狭窄。参政鲁宗道，由于家贫无肴果，只好在酒馆宴请宾客。张知白自从当了宰相以后，生活仍和在河阳作节度判官时一样俭朴。这三个人都身居高位，却能保持勤俭作风。司马光认为这些贤者的节俭有其深谋远虑，非奢靡的庸人所能及。以此来教育孩子要懂得以简朴为美的道理。

第三，引用春秋鲁国大夫御孙的话，从理论上阐述了坚持节俭传统的必要性和重大意义。他指出节俭是有品德的人所普遍拥有的美德。人们生活俭朴了，贪欲之心就少了。人们追求生活的奢侈，就会起贪欲之心。有了贪欲之心，当官时就必然受贿，平民百姓就必然会产生偷盗他人财物的邪念。在这里司马光并没有单纯地把"俭"和"奢"看作是生活态度和消费问题，而是把这两种行为上升到品行和立业立名的高度来引导孩子正确而深刻认识两种品德所导致的不同结果。俭，是自律；奢，是放纵。其关系不言而喻。最后连举六名古人和本朝人的事例，从正反两面事实的对比中归纳出一个深刻的哲理："俭能立名，奢必自败。由俭入奢易，由奢入俭难。"结尾一句告诫："汝非徒身当服行，当以训汝子孙，使知前辈之风俗云。"你不仅自己应该节俭，还要教导你的子孙，让他们了解前辈节俭的家风和传统。

104

全文平实自然，明白如话，旁征博引，说理透彻。虽然在教育后人，但是没有板着面孔严肃地正面训诫，而是用长者的口吻在回首往事，在今昔对比中以亲切的语调娓娓道来，因而具有很强的感染力和说服力。

> 取之有度，用之有节，则常足。
>
> ——司马光《资治通鉴》
>
> 取时有限度，用时有节制，就能常保富足。这句话告诉我们节俭的重要性，生活不能不加节制，奢侈浪费，要懂得珍惜自己的幸福生活。同时也道出了自然生态的真谛。对于自然界的物产资源，人类要有限度地索取，有节制地使用，这样才能常保富足，与大自然和谐共处，共生共荣。应该珍惜大自然给予人类的宝贵资源，切莫大肆浪费。

司马康不负父亲教诲，生活简朴，学习努力，于宋神宗熙宁三年（1070）二十岁时考中进士，两年后任西京粮料院的督察官。司马光编撰《资治通鉴》时，他帮助父亲做了大量的文字检阅工作，深得父亲信任。后来被授予山南东道节度判官公事，元丰八年（1085）升任秘书省正字，第二年升任校书郎，后又任宋神宗时期的实录检讨官。

节俭，是中华民族的传统美德，是我们的传家宝，在中国特色社会主义进入新时代的今天，仍然有着重要的理论价值和现实意义。但是在改革开放以后，物质生活极大丰富，人们对生活品质的追求不断多样化，奢侈浪费、铺张攀比之风也随之而来。有些家长忽视了对孩子这方面的教育。孩子在成长过程中，虚荣心、自尊心也在不断增加，同学之间吃穿用都在互相攀比，有些家长对孩子的物质要求百依百顺，这些都会使孩子养成奢侈虚荣的不良习气。因此，司马光的《训俭示康》以俭养德的教育理念，对培养家长和孩子的良好品行都具有非常重要的意义，有助于养成良好的社会风气，落实反腐倡廉法制法规，构建新时代节约型社会，提升现代国家治理能力。

十七、耳听为虚，眼见为实——苏轼教子

在孩子还小的时候，经常进行求实精神教育，使其养成求真务实、善于探究的学习态度，对其日后的成长是大有裨益的。

苏轼（1037—1101），字子瞻，号东坡居士，世称苏东坡，北宋眉州眉山（今属四川省眉山市）人，著名的文学家、书法家、画家。苏轼是宋代文学最高成就的代表，他的诗题材广泛，清新豪健，善用夸张比喻，独具风格，与宋代的黄庭坚并称"苏黄"；他的词开豪放一派，与辛弃疾同为豪放派代表，并称"苏辛"；他的散文著述宏大，豪放自如，与欧阳修并称"欧苏"，为"唐宋八大家"之一。苏轼亦善书，为"宋四家"之一；工于画，尤擅墨竹、怪石、枯木等。有《东坡七集》《东坡易传》《东坡乐府》等传世。

苏轼一生宦海浮沉，多次被贬官，多次被流放，仕途极为坎坷。但是他性格豪放，心胸豁达，总是以乐观的态度面对挫折，并善于从不幸的际遇中总结经验，也善于从客观事物中摸索规律。他在创作中注意观察平常的生活和自然景物，从中体悟深刻的哲理，并通过作品生动而形象地表达出来。

苏轼对沉浮荣辱所持有冷静、旷达的态度，对人世间傲视和理性的超越，体现在生活的各个方面，包括教子。他的《石钟山记》就是一篇著名的教子之作。

元丰二年（1079），苏轼四十三岁时，被朝廷调到湖州任知州。苏轼上任以后，给当时的皇帝写了一封《湖州谢表》，这本来是例行公事的表面文章，但是苏轼是诗人，即使写这些官样文章时，也忘不了加上个人感情色彩，说自己"愚不适时，难以追陪新进"，"老不生事或能牧养小民"，这些话被嫉妒他的人所利用，说他是"愚弄朝廷，妄自尊大"，说他"衔怨怀怒"，"指斥乘舆"，"包藏祸心"，谤讪朝廷，对皇帝不忠，他们从苏轼的诗词里挑出他们认为隐含讥讽之意的字句，引来朝廷轩然大波。这年七月二十八日，刚上任才三个月的苏轼就被逮捕，押往京城，受牵连者达数十人。这就是北宋著名的"乌台诗案"（乌台，即御史台，因台上种植柏树，终年有乌鸦在树上栖息，故称乌台）。

苏轼在牢狱里待了一百多天，几次差点被砍头。幸亏宋太祖赵匡胤曾经有不杀士大夫的国策，苏轼才算躲过一劫。

出狱以后，苏轼被降职为黄州（今湖北省黄冈市）团练副使（相当于现代民间的自卫队副队长）。这是一个低微、没有实权的职位，而此时的苏轼已经对官场心灰意冷。他到黄州后，多次到黄州城外的赤壁山游览，写下了《赤壁赋》《后赤壁赋》和《念奴娇·赤壁怀古》等千古名作，以此来寄托他谪居时的思想感情。闲暇时还开垦了城东的一块坡地，种些菜蔬来补贴家用，并自嘲为"东坡居士"。

念奴娇·赤壁怀古

（宋）苏轼

大江东去，浪淘尽，千古风流人物。故垒西边，人道是，三国周郎赤壁。乱石穿空，惊涛拍岸，卷起千堆雪。江山如画，一时多少豪杰。

遥想公瑾当年，小乔初嫁了，雄姿英发。羽扇纶巾，谈笑间，樯橹灰飞烟灭。故国神游，多情应笑我，早生华发。人生如梦，一尊还酹江月。

眼前的政治现实和词人被贬黄州的坎坷处境，与苏轼祈望振兴王朝和报国壮怀的感慨形成巨大落差，一旦从"神游故国"跌入现实，就不免思绪深沉、顿生感慨，而情不自禁地发出自笑多情、光阴虚度的叹惋。

谪居的日子也使他有时间和长子苏迈一起读书写作，谈古论今。有一天，父子两个谈到了鄱阳湖畔石钟山的名字是怎么来的，苏迈翻了很多书去考证，他找到郦道元的《水经注》（《水经注》是中国古代地理名著，共四十卷，作者是北魏晚期的郦道元，《水经注》因注《水经》而得名），其中有对石钟山的描绘："下临深渊，微风鼓浪，水石相搏，得双石于潭上，扣而聆之，南声函胡，北音清越，止响腾，余音徐歇。"对《水经注》这个描写，苏轼认为有些牵强，苏迈还要继续翻别的书，苏轼说："算了吧！要想研究和考证明白，应该去实地考察，而不能只靠资料，听别人怎么说。"关于石钟山名字的由来，就在苏轼父子心中留下了一个悬念。

直到元丰七年（1084）六月，苏迈去饶州德兴县（今江西省鄱阳湖东）任县尉，父亲苏轼送他到湖口，父子俩想起五年前的那个还没有解决的关于石钟山的问题，于是他们俩就一起去了石钟山。他们到了山上，有一座寺庙，庙里的主持让小童拿着斧头，在乱石中间选一两处敲打，发出硿硿的声响，苏轼觉得很好笑，并不相信这就是石钟山的由来。到了晚上，乘着月色，苏轼和苏迈坐着小船来到断壁下面。巨大的山石倾斜地仁立着，有千尺之高，就像凶猛的野兽和奇异的鬼怪，阴森森地想要扑向来人；山上宿巢的老鹰，听到有人声也惊飞起来，在云霄间发出磔磔声响；又有像老人在山谷中咳嗽并且大笑的声音，有人说这是鹳鹤。苏轼见状心惊肉跳正想返回，忽然听到水上发出巨大的声响，声音洪亮，就如同有人在不断地敲钟击鼓。船夫很惊恐。苏轼与儿子又继续慢慢地探察，见山下都是石穴和缝隙，不知它们有多深，细微的水波涌进石缝，是水波激荡而发出的声音。船回到两山之间，即将要进入港口，有块大石头正对着水的中央，上面可坐百来个人，中间是空的，而且有许多洞，把清风水波吞进去又吐出来，发出窾坎镗鞳的声音，与先前噌吰的声音相互应和，就好像正在演奏的音乐。于是，苏轼笑着对苏迈说："你知道那些典故吗？那噌吰的响声，是周景王射钟的声音，窾坎镗鞳的响声，是魏庄子歌钟的声音。古人没有欺骗我啊！"

苏轼意味深长地对儿子说："看来，考察清楚一件事并不难，只要亲自来看看就知道了，可是有很多人却不愿意下这个功夫，总想走捷径，到书本里去寻找现成的答案，这就难免会有不正确的理解，结果以讹传讹。你一定要记住：事不目见耳闻，而臆断其有无，永远不会有正确的结论。一定要求实啊。"

为了让儿子能记住这次考察的重要意义，苏轼写下了流传千古的名篇《石钟山记》。

这篇文章通过记叙苏轼对石钟山名字由来的探究，说明要认识事物的真相必须"目见耳闻"，切忌主观臆断的道理。

文章首先提出石钟山名字由来的两种说法，以及对这两种说法的怀疑。然后叙述实地考察石钟山，去探明其名字由来的经过。苏轼描绘了绝壁下的情景：是"侧立千尺，如猛兽奇鬼，森然欲搏人"的大石；听到的是"云霄间"鹘鸟的"磔磔"的惊叫声，以及"山谷中"鹳鹤像老人边咳边笑的怪叫声。这段描写着力渲染阴森恐怖的环境气氛，烘托出亲身探访的艰难，忽然"大声发于水上，噌吰如钟鼓不绝"，他们"徐而察之"，发现"山下皆石穴罅，不知其浅深，微波入焉，涵澹澎湃而为此也"，对两处声音的考察，描写极为细致深入，处处印证了首段郦道元所说的："微波入焉"和"与风水相吞吐"，分别照应"微风鼓浪"；"山下皆石穴罅……涵澹澎湃而为此也"和"大石当中流……空中而多窍"，分别照应"水石相激"；"噌吰如钟鼓不绝"和"窾坎镗鞳之声"，分别照应"声如洪钟"。苏轼探明真相后很兴奋，肯定了自己的考察结果，点出以石钟作为山的名字的缘由。

这篇文章将议论和叙述相结合，通过夜游石钟山的实地考察，对郦道元关于石钟山得名的说法进行了分析，提出了"事不目见耳闻不能臆断"的观点。这是苏轼向儿子推荐的一种学习态度，也是他向儿子提出的要求：要具有注重调查研究的求实精神。这在现代家庭教育中是非常有意义的。

随着现代技术的飞速发展，网络传播等快捷的信息获取手段日益发达，给学生和研究者获取信息提供了非常便捷的条件，但同时也助长了孩子相对懒惰、只想走捷径的不良习惯。这些都应该引起家长的重视。在孩子还小的时候，经常进行求实精神教育，使其养成求真务实、善于探究的学习习惯，对其日后的成长是大有裨益的。

十八、郑侠深入浅出的教子之法

在诗里，郑侠以水和镜子做比喻，说明学习首先必须要安身，身安则心安，心安才能凝神聚力的深刻道理。然后要求子孙读书要精力集中，要眼见、耳闻、口诵，这是提高学习效率的好方法。

郑侠，福州福清人，字介夫，号一拂居士、大庆居士，生于北宋庆历元年（1041），家住福清海口镇覆釜山下，后迁至县城西塘，因而人们又称他为"西塘先生"。

北宋嘉祐四年（1059），郑侠的父亲郑翚任江宁（今南京市）酒税监。由于父亲官职卑微，清廉正直，郑侠的弟妹又多，家庭生活十分清贫。郑侠的唯一出路就是刻苦读书。他曾赋诗道："漏随书卷尽，春逐酒瓶开。"以此来表达他的勤奋。至北宋治平二年（1065），郑侠到清凉寺读书。当时王安石为江宁知府，听说郑侠才华出众，便邀见他，并勉励他能成为良材国士。治平四年（1067），郑侠在二十七岁时高中进士，授将作郎、秘书省校书郎。

熙宁二年（1069），王安石得到宋神宗重视，担任参知政事（即副宰相），实行变法。他立即提升郑侠为光州（今河南省潢川县）司法参军，主管光州的民、刑案件，凡是光州所有疑案，都经郑侠审讯清楚上报，王安石全部按照郑侠的建议给予批复。郑侠感激地把王安石当作知己，一心要竭智尽忠，为国为民，知无不言，言无不尽，报答王安石的知遇之恩。

但是王安石所实行的新法有很多弊端，郑侠便屡次寄书信给王安石，陈述新法给人民造成的危害，希望他改弦更张，为此王安石对他很不满。但是郑侠情系民生，关心弱小平民的利益，并为百姓奔走呼号，不诱于利禄，不动于私情，虽屡遭打击，而矢志不移。

113

郑侠一生清正廉洁，关心百姓疾苦，得到福清人民的拥戴，他去世后，福清百姓仰慕他的人格，在利桥街建"郑公坊"来纪念他，又把他的故居改为"一拂先生祠"，福清人为纪念郑侠的侠气与爱国情怀，把城区主街"横街"改名为"一拂街"，把"街心公园"改名为"一拂公

园"，还塑造了一尊郑侠的雕像，供人瞻仰。

郑侠教子有方，曾著有《教子孙读书》，书中讲了很多读书的方法：

> 水在盘盂中，可以鉴毛发。盘盂若动摇，星日亦不察。镜在台架上，可以照颜面。台架若动摇，眉目不可辨。精神在人身，水镜为拟伦。身定则神凝，明於乌兔轮。是经学道者，要先安其身。坐欲安如山，行若畏动尘。目不妄动视，口不妄谈论。俨然望而畏，暴慢不得亲。淡然虚而一，志虑则不分。眼见口即诵，耳识潜自闻。神焉默省记，如口味甘珍。一遍胜十遍，不令人艰辛。

郑侠在这篇《教子孙读书》里用了生动的比喻来谈学习的方法。他说：水在盘盂里，清澈透明，可以照见毛发。如果把盘盂动一下，水就不平静了，就不能照见星月的影子。镜子放在台架上，可以照见人的脸面，台架如果动一下，就不可能辨识人的眉眼。人的精神长在身体里，就像水和镜子，可以照出人的影子，身体安定，精神才可以集中，眼睛就好比是太阳和月亮，所以那些学道的人，首先要使身体安定，坐着的时候，像大山一样安稳，走路时脚步轻轻，生怕惊动了灰尘。眼睛不乱看，嘴巴不乱说。神情庄严使人望而生畏，凶狠傲慢的样子使人不敢亲近。心境淡然，精神就能专一，专心致志考虑问题，就不会分散精力。眼睛看见就能口诵出来，耳朵听见就能记在心里。神态自若默默记在心里，就如同口中在品尝山珍美味一样。这样读书一遍胜过十遍，不会感到艰难和辛苦。

在诗里，郑侠以水和镜子做比喻，说明学习首先必须要安身，身安则心安，心安才能凝神聚力的深刻道理。然后要求子孙读书要精力集中，要眼见、耳闻、口诵；这与朱熹提倡的心到、口到、眼到的方法异曲同工，都是提高学习效率的好方法。

115

余尝谓，读书有三到，谓心到、眼到、口到。心不在此，则眼不看仔细，心眼既不专一，却只漫浪诵读，决不能记，记亦不能久也。三到之中，心到最急。心既到矣，眼口岂不到乎？

——朱熹《读书有三到》

我曾经说过："读书有三到，就是心到、眼到、口到。心思不在读书上，那么眼睛就不能看仔细，思想不集中，就只能漫不经心地诵读，绝对记不住，即使记住了，也不能长久。三到之中，心到最重要。思想要是集中了，眼睛、嘴巴怎会不到位呢？"

十九、岳飞勉励孩子建功立业

教育孩子拥有保家爱国的坚定信念，在生活中
节俭勤劳，鼓励孩子自己建功立业，要让孩子具备
应对挑战和挫折的能力和勇气。

南宋爱国将领岳飞的母亲为鼓励岳飞英勇杀敌，亲自为儿子背上刺字"精忠报国"的故事，家喻户晓。（据史料记载，岳飞背上的刺字为"尽忠报国"，后因宋高宗赐岳飞"精忠"二字，被人误传为"精忠报国"，此后"精忠报国"的故事在民间广为流传，成为佳话。）千百年来，岳飞精忠报国的浩然正气鼓舞了无数爱国志士为国捐躯。岳飞能成为抗金名将，名垂青史，源于母亲的培养和教诲。他的母亲姚氏是一位有识见的妇女，看到岳飞从小就喜欢读兵书，研习《孙子兵法》和《吴起兵法》，还喜欢习武，非常高兴。她认为好男儿就应该文武双全，报效国家。因此，她不但鼓励岳飞读书练武，还经常对他进行爱国的教育。为了使儿

子不忘初心，母亲亲手将"尽忠报国"四个字刺在儿子背上。这四个字，也深深地刺在岳飞的心上，成为岳飞唯一的志向和抱负。从此，他以抗金和收复失地为己任，率领岳家军英勇奋战，屡建奇功。

岳飞不忘母亲给予自己的教诲，并传承给了自己的儿子，他教育儿子同样以建功立业为人生的奋斗目标。岳飞有五个儿子，岳飞对他们的要求非常严格，希望孩子们能凭借自己的努力实现人生目标。所以他很用心，时时处处都要给孩子做出榜样。他的具体做法是：

第一，教育孩子生活节俭，勤劳。为了使孩子能养成勤劳节俭的良好品德，岳飞以身作则，虽然朝廷给他的俸禄很高，但是他坚持不经商，不置办田产，不建造豪华的房屋，不娶妾纳姬。他从不穿丝绸，并要求家里人穿粗布衣服，不是喜庆节日不可以喝酒。日常饮食以素菜为主。在孩子学习之余，岳飞鼓励孩子参加劳动，让孩子到菜园里去除草、施肥、摘菜。经常给他们讲自己艰苦生活的经历。在他的言传身教之下，孩子们从小就懂得了吃穿的来之不易，养成了勤劳节俭的生活习惯。

勤俭节约，以身作则

岳飞要求全家节俭，均穿粗布衣衫，妻子李氏有次穿了件绸衣，岳飞便说："皇后与众王妃在北方都过着艰苦的生活，你既然要与我同甘共苦，就不要穿这么好的衣服了。"此后，李氏终生不着绫罗。除了自己俭朴淡泊、刻苦励志外，岳飞对子女的教育也非常严格。岳飞要求他们每天做完功课后，就到地里去劳作。除非节日，不得饮酒。

第二，鼓励孩子自己建功立业。在岳飞生活的南宋时代，朝廷实行一种"补官制"，即向当时一定级别的官员子女赐予官位。岳飞统领十万大军，符合当时的规定。但是岳飞没有把这个待遇给自己的儿子，而是把这个官位送给了为国捐躯的爱国志士张所的儿子张宗本。他不想让自己的儿子无功受禄，想让他们自己去奋斗，凭借自己的能力去获取功名。

岳飞的大儿子岳云十二岁时，岳飞就把他送进军营去锻炼，还要求军营将领张宪严格要求，从严管教。一次练习骑马，岳云不慎从马上摔了下来，岳飞非常气愤，他认为岳云没有认真刻苦地训练，于是让士兵把岳云拉回军营，打了一百军棍作为惩罚。从此岳云训练更加认真刻苦，十六岁时就可以手持八十斤重的铁锤冲锋陷阵。在金兵入侵、大敌当前的危险境遇中，每次遇到强敌，岳飞都让岳云带队冲上前线，而且告诫岳云："不获全胜，就先杀了你。"岳云也不负众望，每次都能凯旋。

按照当时朝廷的规定，官兵立下战功，可以上报朝廷领赏，但是岳飞为了避免岳云居功自傲，岳云的每一次战功都被岳飞给悄悄地隐瞒下来。岳飞认为："君之驭臣，固不吝于厚赏，父之教子，岂可责以近功？"意思是说：父亲教育孩子，怎么可以去追求眼前的利益？

一次，岳云抵抗金兵，再一次立下大功，领兵将军张浚瞒着岳飞，直接上报朝廷请赏，因为岳云功绩卓著，皇帝下了一道"特旨"，给岳云特殊奖励，连升三级，任命其为武略大夫。岳飞知道后，马上请求朝廷撤回任命。岳飞说："每次战役都有很多士兵不顾生死，英勇杀敌，他们得到的奖赏也只是晋升一级，我的儿子应该更严格要求，怎么能连升三级呢？对别的士兵来说不公正啊！"朝廷见岳飞态度诚恳，说得也有道理，就同意了岳飞的请求，只给岳云晋升一级，与其他官兵同等。

在以后的抗击金兵的战役中，岳云凭借着保家爱国的坚定信念和勇猛顽强的精神，屡立战功，成为中国历史上著名的志士。岳飞被陷害以后，他的子孙也都在艰难的历史环境中英勇不屈，不断建立功勋。他的孙子岳珂还成了著名的学者。

岳飞的教子之法给我们家庭教育提供了宝贵经验，当今几乎所有的家长都希望自己的孩子将来能够有所作为，因此不遗余力地给孩子创造一切条件，帮助孩子成长。但是许多教育目的、教育方法却令人担忧。多数家长希望孩子成为一条"龙"，但究竟是一条什么"龙"，却模糊不清；家长忘记了教育最核心的东西就是爱国情怀，这是孩子成就大业的基本素质，如果从理念上没有一个明确的目标，没有以国家为重的基本原则，那么孩子也很难成为一条真

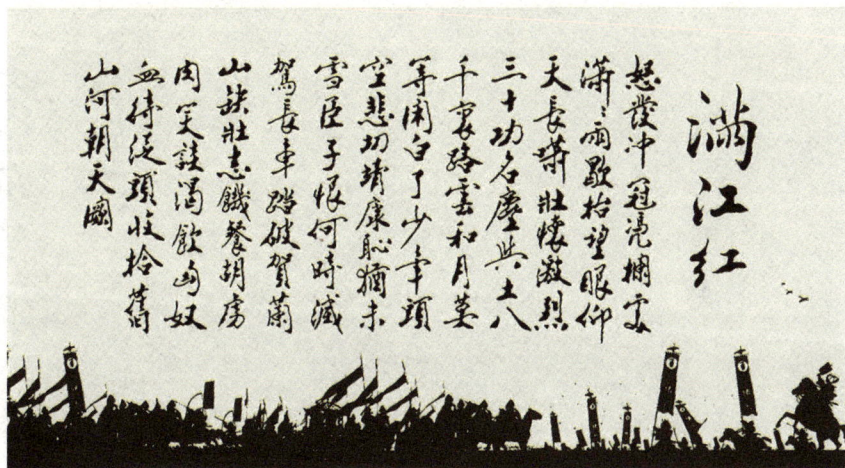

龙。很多家长尽量给孩子提供优越的学习环境和生活条件，甚至自己省吃俭用，给孩子吃好的，穿好的，满足孩子所有的物质要求；舍不得孩子劳动，更舍不得让孩子到艰苦的地方去锻炼。有些家长利用自己的权力与地位或者人脉关系，从孩子上小学开始就不断地安排孩子的下一步，直至大学毕业找好工作，人生都是家长给设计安排好的，因此社会上便流行一个词——"拼爹"。虽然孩子的一切包括未来都被安排好了，可是人生的路还需要孩子自己走，一旦遇到坎坷，孩子就会不知所措，缺少独自应对的能力和勇气。有些孩子一旦摔倒，就可能一下子跌入人生低谷，从此一蹶不振。所以，岳飞教育孩子的理念和实践，很值得当今家长学习。

二十、陆游示儿

　　爱国教育，是陆游教子的主旋律。对孩子进行人格和人生修养的培养教育，引导孩子树立远大的目标，这个目标一定是以爱国主义为基础，将个人的发展与祖国命运联系在一起的。

　　陆游（1125—1210），字务观，号放翁。越州山阴（今浙江绍兴）人，南宋伟大的爱国诗人。一生笔耕不辍，今存所作诗歌九千多首，内容非常丰富。与王安石、苏轼、黄庭坚并称"宋代四大诗人"，又与杨万里、范成大、尤袤合称"中兴四大诗人"。著有《剑南诗稿》《渭南文集》《南唐书》《老学庵笔记》等。

　　陆游一生写了很多首教子诗，是古代写教子诗最多的一位诗人，此外，还有《家训》和短文《跋范巨山家训》，都集中反映了他的教子观，那就是对儿子和后代人格品行和爱国情怀的教育。其中感人至深、千古不衰的《示儿》，已经成为宣扬爱国主义的经典之作。

　　那是宋宁宗嘉定三年（1210）春天，已经八十六岁的陆游重病在床，生命垂危。这天，他让家人打开窗户，他挣扎着坐了起来，凝望着窗外朝北的方向，不禁老泪纵横。他又指着书案，示意家人拿来纸和笔，用颤抖的手，挥泪写下了这首诗：

示 儿

死去元知万事空，但悲不见九州同。

王师北定中原日，家祭无忘告乃翁。

这是他老人家的绝笔之作，也是遗嘱。短短的四句诗，凝聚了陆游一生的追求和对收复中原的强烈渴望。陆游的一生，经历了金兵入侵中原的变故，在民族矛盾异常尖锐的时代，他目睹了在金兵蹂躏下中原人民所遭受的困苦。强烈的爱国之情激励他一生都在为收复中原而战斗。然而，几十年过去了，破碎的山河依旧，诗人壮志未酬。他在弥留之际，只好把自己的希望寄托在后代身上，浓浓的爱国之情跃然纸上。

在写这首诗的十一年前，诗人就叹息"死前恨不见中原"，在临终之际，陆游仍然抱着强烈的愿望和坚定的信念，但是，自己已经看不到山河一统了。其实，对于生死，诗人看得很淡，"死去元知万事空"，最让诗人悲痛的是没有看见祖国的统一。"但悲不见九州同。"这是最令诗人悲怆的，也是他一生最大的遗憾。只是希望那一天来临，"王师北定中原日，家祭无忘告乃翁"！家祭时，别忘了告诉我一声。这是陆游悲壮的心愿，强烈的爱国之情可歌可泣。

陆游一生有六个儿子，他非常重视对儿子的教育，在他的诗中，对儿子的教育主要体现在三个方面：一是爱国主义教育，二是人格品德教育，三是传授学习经验。他还有一首《病中示儿》，在诗中，陆游告诉儿子，我没有什么遗产可以留给你们，只有一样东西和两句话："有剑知谁与，无香可得留。"剑是陆游生前曾经在战场上英勇杀敌所用，所以他对这把剑视如生命，把它当作传世之宝，希望孩子们继承他的遗志，为完成祖国统一大业而驰骋疆场。

因此，他给儿子留下殷殷嘱托：“唯应勤学谨，事事鉴恬侯。”意思是说：你们要像我一样终生勤奋学习，事事以恬侯（安逸自在的爵位）为借鉴，不要贪图安逸，专享俸禄，而要为国尽忠。

陆游教育儿子勤奋学习，立志为国为民贡献一己之力，他经常把自己的人生体会和读书经验传授给孩子们。陆游六十七岁那年，他写了一首《五更读书示子》：

近村远村鸡续鸣，大星已高天未明；床头瓦檠灯煜爚，老夫冻坐书纵横。暮年於书更多味，眼底明明见莘渭。但令病骨尚枝梧，半盏残膏未为费。吾儿虽戆素业存，颇能伴翁饱菜根。万锺一品不足论，时来出手苏元元。

诗中陆游总结了自己的人生体验，一生勤奋好学，但是读书的目的不是为了做官享受，而是为了民族大业。“万钟一品不足论，时来出手苏元元。”在他看来，高官厚禄不足挂齿，而是要出来做利国利民的大业。他希望儿子也同他一样，立志为国为民。

所以，教孩子怎样做人，在他的诗中多次体现。有一年，陆游有一个儿子子龙要去吉州（今江西省吉安市）任职，陆游写了一首《送子龙赴吉州掾》，为儿子送行。

我老汝远行，知汝非得已。驾言当送汝，挥涕不能止。人谁乐离别，坐贫至于此。汝行犯胥涛，次第过彭蠡。波横吞舟鱼，林啸独脚鬼。野饭何店炊？孤棹何岸檥？判司比唐时，犹幸免笞箠；庭参亦何辱，负职乃可耻。汝为吉州吏，但饮吉州水；一钱亦分明，谁能肆谗毁？聚俸嫁阿惜，择士教元礼。我食可自营，勿用念甘旨。衣穿听露肘，履破从见指；山门虽被嘲，归舍却睡美。益公名位重，凛若乔岳峙；汝以通家故，或许望燕几，得见已足荣，切勿有所启。又若杨诚斋，清介世莫比，一闻俗人言，三日归洗耳；汝但问起居，余事勿挂齿。希周有世好，敬叔乃乡里，岂惟能文辞，实亦坚操履；相从勉讲学，事业在积累。仁义本何常，蹈之则君子。汝去三年归，我傥未即死，江中有鲤鱼，频寄书一纸。

在诗里，陆游告诫儿子，要忠于职守，廉洁奉公。每做一事，都要对得起百姓。"汝为吉州吏，但饮吉州水；一钱亦分明，谁能肆谗毁"，是说：你身为吉州官吏，拿着吉州的俸禄，就要为吉州人民办事，要公私分明，不多拿公家一分钱，即使有人想诋毁你的名誉也办不到。

陆游很希望儿子能够努力学习，为此，他经常向儿子传授他的学习经验，教孩子怎样作诗。他有一首《示子遹》：

我初学诗日，但欲工藻绘；

中年始少悟，渐若窥宏大。

怪奇亦间出，如石漱湍濑。

数仞李杜墙，常恨欠领会。

元白才倚门，温李真自郐。

正令笔扛鼎，亦未造三昧。

诗为六艺一，岂用资狡狯？

汝果欲学诗，工夫在诗外。

意思是：我年轻初学写诗的时候，只知道追求诗句工整，修辞华美，多在字句上下功夫。到中年写诗时，开始有所醒悟，才逐渐深入到了深邃的诗意境界，也就能写出一些好诗来了。有如被湍流冲洗的顽石，显得奇特不俗。唐朝李白、杜甫的诗，是不可逾越的高峰，有如数仞高墙挡在眼前，我恨自己领会不深，可望而不可即。

元稹和白居易的诗，也只能说到达了高墙的门边，至于温庭筠、李商隐的诗，就不值得一提了，即使是他们最好的作品，也未必能真正领会诗中三味。诗是六艺之一，哪能仅仅当作笔墨游戏呢？所以，你如果真要学习写诗，不仅要学习字词句式，还要有更深的学问，作诗的功夫，在于诗外的历练。

陆游回顾了自己的创作道路,有成功的经验,也有失败的教训,自己年轻时曾经只注重华丽的辞藻,到了中年才有所醒悟,才体会到诗的博大和精妙。对于著名诗人的作品,领悟得不够深刻。现在想来写诗,要在思想深度上下功夫,而不要去追求华丽的辞藻。诗的最后两句:"汝果欲学诗,工夫在诗外。"这是经验的总结,要想写好诗,不要只去钻研辞藻和技巧,要把更多的精力放在思想修养、生活体验上。

冬夜读书示子聿

陆　游

古人学问无遗力,少壮工夫老始成。

纸上得来终觉浅,绝知此事要躬行。

这是陆游专门写给他的小儿子陆聿的诗,在诗里,陆游以自己多年的学习和创作体会,给儿子总结出两条经验:一是学习,一定要从年轻时就下功夫,到老了才能有所成就;二是只靠书本上的知识是不够的,要想获得真知,一定要亲自到社会实践中去学习。这两点,深刻道出了"知"与"行"的关系,寓意深刻,富有哲理,已经成为古今文人指导自己学习的警句名言。

爱国教育,是陆游教子的主旋律,在他的诗中,始终贯穿的是立志为国和如何学习的基本道理。这是陆游教子诗的最大特点和重要价值。至今,对我们家庭教育仍然具有现实的指导意义。

十一月四日风雨大作

陆　游

僵卧孤村不自哀，尚思为国戍轮台。

夜阑卧听风吹雨，铁马冰河入梦来。

全诗意境宏阔、气势恢宏，表现了作者"一寸赤心惟报国"的高迈志向和抗战雪耻的坚韧气节。陆游一生留下近万首诗词作品，其中近一半作品是抒写和吟咏家国情怀的，他是我国当之无愧的爱国主义诗人。无论境遇如何、命运怎样，中国古代知识分子大都将人生价值和生命意义深深植根于家国天下之中。家国情怀之于陆游，既是一种人生使命，也是一种责任担当，更是一种精神支柱。

现在很多家长培养孩子的目标，更多地集中在学历教育，而忽视了人格教育。其实，未来在社会上真正有竞争力的就是孩子的人格。做人的高度与目标应该是现代家庭教育的原则。

所以，我们应该学习陆游的教子法，首先对孩子进行人格和人生修养的培养教育，帮助引导孩子树立远大的目标，这个目标一定是以爱国主义为基础，将个人发展与祖国命运联系在一起的。任何个人的发展都不能脱离自己生长的环境。抛弃国家与人民的利益而追求个人的成功，最终都不可能成功。

其次，培养孩子良好的道德修养，这是孩子未来参与社会竞争的底线。道德品质低下或行为不端的人，即便再有天赋，学习再好，也会遭人唾弃。这样的例子有很多，近些年，科研人员、大学教授学术造假的事件频出，这些都是品行不端的结果。其实有些人已经有了很好的学术背景和基础，如果脚踏实地、兢兢业业，就会小有成就。但如果思想出了问题，就会贻害一生。

最后，家长可以不断总结自己的生活经验和学习体会，将自己的真知灼见与孩子分享，可以使孩子少走弯路。

二十一、朱熹与《童蒙须知》

　　朱熹对儿童的教育可谓用心良苦，他简单明了的语言中表达了丰富的内容，体现了深厚的儒家传统文化，包含着儒家思想所说的"仁恕之道"，是对儿童很好的传统文化教育。

　　朱熹（1130—1200）是宋代著名的理学家、哲学家、诗人、教育家，儒学的集大成者。字元晦，一字仲晦，世称朱文公。任江西南康、福建漳州知府，任浙东巡抚。朱熹为官清正有为，振举书院建设，曾为宋宁宗皇帝讲学。一生著述颇丰，其《四书章句集注》成为钦定的教科书和科举考试的标准。

　　《童蒙须知》也称《训学斋规》，是朱熹为了培养自家后代和其他儿童良好的行为习惯而制定的行为规范，也是一篇启蒙读物。其内容一共五大类，分为衣服冠履、言语不趋、洒扫涓洁、读书楔子、杂细事宜等。对儿童的生活起居、学习、道德行为、礼节等做了详细的规定，涉及生活方方面面的细节。对儿童行为习惯的培养，朱熹有一套完整的想法。他说："**夫童蒙之学，始于衣服冠履，次及言语步趋，次及洒扫涓洁，次及读书写字，及有杂细事宜，皆所当知。今逐目条列，名曰童蒙须知，若其修身、治心、事亲、接物、与夫穷理尽性之要，自有圣贤典训，昭然可考。当次第晓达，兹不复详著云。**"

朱熹认为，儿童启蒙之学，应该从穿衣戴帽开始，然后是言行举止，然后是洒扫清洁，然后是读书写字，以及各种杂事，都应该懂得。因此他在《童蒙须知》中逐条列出。

服冠履第一：

> 大抵为人，先要身体端正。自冠巾，衣服、鞋袜、皆须收拾爱护，常令洁净整齐。……凡脱衣服，必齐整褶叠箱箧中，勿散乱顿放，则不为尘埃杂秽所污，仍易于寻取，不致散失。着衣既久，则不免垢腻，须要勤勤洗浣。破绽，则补缀之。尽补缀无害，只要完洁。……

语言步趋第二：

> 凡为人子弟，须是常低声下气，语言详缓，不可高言喧哄，浮言戏笑。父兄长上有所教督，但当低首听受，不可妄大议论。长上检责，或有过误，不可便自分解，姑且隐默。久却徐徐细意条陈，云此事恐是如此，向者当是偶尔遗忘。或曰，当是偶尔思省未至。若尔，则无伤杵，事理自明。至于朋友分上，亦当如此。……凡行步趋跄，须是端正，不可疾走跳踯。若父母长上有所唤召，却当疾走而

前，不可舒缓。

洒扫涓洁第三：

　　凡为人子弟，当洒扫居处之地，拂拭几案，当令洁净。文字笔砚，凡百器用，皆当严肃整齐，顿放有常处。取用既毕，复置元所。父兄长上坐起处，文字纸扎之属，或有散乱，当加意整齐，不可辄自取用。……

读书写文字第四：

　　凡读书，须整顿几案，令洁净端正。将书册整齐顿放。正身体，对书册，详缓看字，仔细分明。读之，须要读得字字响亮，不可误一字，不可少一字，不可多一字，不可倒一字，不可牵强暗记，只是要多诵遍数，自然上口，久远不忘。古人云：读书千遍，其义自见。谓熟读，则不待解说，自晓其意也。余尝谓读书有三到，谓心到、眼到、口到。心不在此，则眼不看仔细，心眼既不专心一，却只漫浪诵读，决不能记，记亦不能久也。三到之法，心到最急，心既到矣，眼口岂不到乎？……凡写字，未问写得工拙如何，且要一笔一画，严正分明，不可潦草。凡写文字，须要仔细看本，不可差讹。

杂细事宜第五：

　　凡子弟，须要早起晏（晚）眠。凡喧闹争斗之处，不可近，无益之事，不可为。……凡相揖，必折腰，凡对父母长上朋友，必称名。凡称呼长上，不可以字。……凡出外及归，必于长上前作揖。……凡饮食之物，勿争较多少美恶。凡侍长子之侧，必正立拱手，有所问，则必诚实对，言不可忘。凡开门揭帘，须徐徐轻手，不可令震惊声响。……

凡此五篇，若能遵守不违，自不失为谨愿之士。必又能读圣贤之书，恢大此心，进德修业，入于大贤君子之域，无不可者，汝曹宜勉之。

朱熹对儿童的教育可谓用心良苦，他学养厚重，思想深邃，简单明了的语言中表达了丰富的内容，并体现了深厚的儒家传统文化，规范儿童的种种行为习惯中都包含着儒家思想所说的"仁恕之道"，这是对儿童很好的传统文化教育。

儿童时养成的良好习惯，对人的一生具有决定性的意义。孔子早就说过："少成若天性，习惯如自然。"意思是小时候形成的良好行为习惯和天生的一样牢固。中国著名教育家、儿童心理学家陈鹤琴指出："人之动作十之八九是习惯，这种习惯有大部分是幼年时候养成的，所以，在幼年时代，应该特别注意习惯的养成。但是习惯不是一律的，有好有坏。习惯养得好，终生受其福，习惯养得不好，则终生受其累。"

近代英国教育家洛克在他的著作《教育漫话》中也说："儿童不是用规则教育就可以教育好的，规则总是被他们忘掉。你觉得他们有什么必须做的事，你便应该利用一切时机，给他们一种不可缺少的练习，使它们在他们身上固定起来。这就使他们养成一种习惯，这种习惯一旦养成，便不用借助记忆，就可以很容易地、很自然地发生作用了。"

作为宋代的教育家朱熹，深深懂得儿童的行为习惯对一个人成长的重要性，他对儿童的教育可谓用心良苦，《童蒙须知》用了"道德灌输、习惯养成、熏陶变化"三种方法，目标是培养儿童符合社会规范的、具有文明礼貌的、有文化素养的行为习惯，在现代教育中仍然具有很高的实用价值，在培养孩子行为习惯方面是可以借鉴的。比如：

第一条衣服冠履，要求儿童自己收拾衣服，养成良好的生活习惯，对于自己的衣服、帽子、鞋袜等，要爱护，要收拾好，要"常令洁净整齐"。凡脱下的衣服，必须折叠整齐放在衣箱里，"勿散乱顿放，则不为尘埃杂秽所污"。这是孩子自我管理的习惯和能力，从小就养成井井有条、爱清洁、讲卫生的好习惯，也是对孩子自立能力的培养。

第二条语言步趋，是对孩子的文明礼貌和修养的要求。与人交流，要态度谦和，说话语气舒缓，"不可高言喧哄，浮言戏笑"。对待父母兄长的教导，"但当低首听受，不可妄大议论"。即便批评错了，也不应该马上辩解，等过了一段时间，再慢慢细心地陈述说：这件事恐怕是这样的，先前可能是忘记了。或者说，当时是偶然没有想到吧？如果这样处理，对谁都没有伤害，事情自然明了。如果父母师长召唤，应快步向前，不可缓慢。

与人交往，态度谦和，是一种修养；不大声喧哗嬉闹，这是一种文明；缄默不言、听从长辈或老师的教诲，这是对长辈的尊敬；听得进批评和教导，是一种涵养。在朱熹看来，这都是儿童必须养成的行为习惯，其实也是一种品德。

朱熹还很注重儿童的劳动习惯养成。

第三条洒扫涓洁，要求孩子做一些力所能及的家务劳动。"凡为人子，当洒扫居处之地，拂拭几案，当令洁净，文字笔砚，凡百器用，皆当严肃整齐。"这是说：孩子应该洒扫居处的地面，擦拭桌子茶几，使之干净整洁，书本笔墨等一切学习用具都应该摆放整齐。凡是借别人的书籍资料等要及时归还；不可以随意在墙上、桌上等地方写字乱画。这些既是劳动习惯的培养，也是一种文明的品行培养。

第四条读书学习，培养孩子正确的读书习惯。"凡读书，须整顿几案，令洁净端正。将书册整齐顿放。"要端正身体，对着书册，仔细看字，朗读需要读得字字响亮。不可误一字，不可少一字，不可多一字，不可倒一字，不可牵强暗记。只是要多读几遍，自然上口，久远不忘。古人云，读书千遍，其义自见。谓熟读，则不待解说，自晓其意也。写字，要一笔一画，严正分明，不可潦草。凡抄写文章，须要仔细对照原本，不可差误。

在这一条中，不仅有孩子应该具备的良好的学习习惯，其实也有孩子读书的方法，所谓"读书千遍，其义自见"就是提倡熟读多看、增强记忆、增强理解能力，这种方法，古已有之，并非朱熹首创，但却是朱熹对学习的总结和验证，因此将其纳入儿童教育中，是启发孩子智慧的一种好方法。

第五条杂事事宜，包括了饮食起居，待人接物，见到长者的文明举止，与长者同行的规矩等。事无巨细，方方面面，从细小的事情做起，反映了朱熹对儿童的全面培养，规范化训练的方法，也给我们今天的家庭教育提供了可以借鉴的方法。

第一，要充分认识儿童时期培养孩子良好的生活习惯的重要意义。在目前的儿童教育中，多数家长望子成龙心切，不想让孩子输在起跑线上，因此，在孩子很小的时候，甚至还在牙牙学语时，就教孩子看书识字、背唐诗；在学前，就让孩子进各种学习班、特长班，琴棋书画、外语等每一项都要学。孩子的时间都被占用了，家长却忽略了对孩子行为习惯的培养。

那么，什么是孩子的起跑线？起跑线在哪里？很多家长为此而焦虑、彷徨，也因此走进了家庭教育的误区。从孩子会说话、会走路开始，家长就开始设计送孩子进各种各样的学习班、特长班，花大价钱请知名的老师，希望孩子能成为琴棋书画样样通的全才。很多孩子也因此失去了本应该快乐自由的童年。其实，所谓的孩子的起跑线，是复杂的，是由多种因素组成的。从起跑线的本义来讲，它是运动员的起跑线，把它比喻为孩子的起跑线，那就是孩子人生的起点。这个起点应该是多元的，而不是单纯的一条跑道。孩子在起跑线上怎么跑，跑到哪里，怎样跑才是胜利者？这的确需要家长来给孩子做一下规划，而且这个规划要在孩子开始起跑之前。

朱熹的《童蒙须知》就是一部为儿童起跑而制定的比较全面的人生规划，这个规划值得借鉴的两个方面：一方面是早，在孩子小的时候，即儿童时就开始引领孩子跑正道，进行良好的行为习惯与修养的培养。另一方面是全面，孩子如何不输在起跑线上，不仅仅是学了多少技能，背了多少唐诗，而是能立足于社会的素质，能使自己不掉队的智慧和能力。这是我们当代家庭教育中需要借鉴的内容。

> 少成若天性，习惯如自然。
>
> ——孔子
>
> 小的时候养成的习惯和人的天性一样自然、牢固，以至于以后所取得的成功、创造的奇迹，很多方面都是在小的时候形成的习惯所支撑的。心理学巨匠威廉·詹姆士说："播下一个行动，收获一种习惯；播下一种习惯，收获一种性格；播下一种性格，收获一种命运。"意思是：人类在适应外界大环境中，又创造出适合于自己的小环境，然后用习惯把自己困在自己所创造的环境中。所以，习惯决定着一个人未来的活动空间的大小，也决定成败。因此，在小时候养成好习惯非常重要。

第二，给孩子提供有利于良好行为习惯养成的空间和机会。很多家长对孩子别无他求，只要孩子学习好，考一所好大学。因此，孩子上学以后，为了让孩子有更多的学习时间，家长包揽了孩子学习以外的所有事情，从洗衣做饭到为孩子收拾房间、叠被子、找衣服等，事无巨细。很多孩子每天除了学习什么也不用管，当然也就什么都不会做，更谈不上良好的行为习惯。因此也就出现很多孩子上了大学，却因为独立生活能力差而不得不让家长去学校陪读，继续照顾他们的生活起居。还有孩子甚至每周把换下来的脏衣服寄回家洗。等将来毕业了，参加工作了，依然不会做饭，不会洗衣，每天吃外卖……

孔子早就说过："少成若天性，习惯如自然。"这是说小时候养成的习惯和天生的一样牢固。从儿童的成长规律来说，十八岁以前养成的好习惯会让孩子终身受益。古希腊哲学家亚里士多德早就说过："正是一些长期的好习惯加上临时的行动，才构成了美德。"这都是在强调早期培养行为习惯的重要性。其实儿童行为习惯的养成并不是非常难的事，它并不需要特殊的努力和毅力，只是生活中的一种实践和生活的不断训练，就可以成为一种自觉的、定型的、稳定的行为模式。只需要家长对儿童进行训练，给儿童自己实践提供空间，创造条件。在日常生活中，孩子的事情由孩子自己做，家长有意识地加强对孩子行为的练习，给予正确的引导和指导，使孩子日益熟练以至成为习惯。

第三，家长要成为孩子良好行为习惯的榜样。家长的榜样作用表现在生活的各个方面，家长的一举一动、一言一行都对孩子起着示范作用，所以要求孩子做到的，做父母的一定要率先垂范。其实，一定程度上，家长就是孩子的起跑线，家长的素质修养、文化水准、生活习惯等决定了孩子会怎样成长。试想，家长每天沉迷于麻将，家里又脏又乱，孩子怎么能爱学习、爱干净呢？尽管父母花了很多钱，给孩子找了各种学习班，那孩子也只是被动地学习，回到家里，学习的热情会骤然消失。如果父母经常在家里吵架，甚至口出秽语，那孩子怎么可能温文尔雅？反之，如果父母相敬如宾，爱清洁，每天下班回家把家里收拾得井井有条，那孩子一定是性情温和、做事有条理的。父母爱看书，家里书很多，孩子也一定会对书有兴趣。文明礼貌的培养始于家庭，孩子给母亲倒了一杯开水，母亲由衷地说声"谢谢"，孩子不仅会非常高兴，得到妈妈的感谢，当别人对孩子有所帮助时，孩子一定也会说"谢谢"。因此，家庭教育始于父母的自我教育，在对孩子施教前或施教中，父母一定要把自己教育好。《童蒙须知》同样也是"父母须知"。

第四，教给孩子良好的学习习惯。朱熹有一首诗："昨夜江边春水生，艨艟巨舰一毛轻。向来枉费推移力，此日中流自在行。"这首诗描绘了这样一幅画面：经过了一夜春雨，江水已经涨满，一只已经搁浅的大船如鸿毛一般漂浮起来，在江水中毫不费力地自由航行。乍看起来，这好像是一首写景诗，其时这是一首谈学习方法的诗，诗的题目是《观书有感》。这是朱熹根据自己读书的心得总结出来的经验。他认为，大船能在水中自由航行，需要一江春水的承载。人要想在社会立足，需要广博的知识支撑。知识的获取，就在于读书。为此，他总结出读书六法。

第一法：循序渐进。即在学习的过程中，根据知识的难易程度来确定次序，由小到大，由浅入深，一步一步行进，一点一滴积累，坚持持之以恒。在引导孩子学习时，有些家长不免性急，恨不能孩子一学期学完一年的课程；给孩子规定读的书恨不能一下子让他读完，结果是欲速则不达。《论语》里有一句话："学者自强不息，则积少成多；中道而止，则前功尽弃。"表现在读书上，就是坚持一点一滴的积累，踏踏实实地读，就足够了。

第二法：熟读精思。就是书要反复读，读到非常熟练地掌握了书中的内容，这样才能深入理解书中的思想和精髓。这是需要锻炼孩子的耐心与毅力的，现在有很多孩子对读书没有多大兴趣，多半是为了完成学习任务，因此马虎敷衍的现象比较多。读一遍书，粗略了解大概的文意就交差了，最终是不求甚解。因此需要家长去培养孩子精益求精的治学态度。

第三法：虚心涵咏。即读书要以虚心的态度领会书中的主旨，不可先入为主，以自己的主观臆断来穿凿附会或者随意发挥，要忠于作者的原意。说到底，还是要引导孩子认真、虚心读书，认真领会书中的内容和思想，不可以敷衍了事，随意曲解，或者只是一知半解，就自以为全读懂了，便随意发挥，扭曲了作者的本意。用朱熹的话说是"若其有不合，穿凿使之合"，这是读书一大忌，也是一种不良的读书习惯。

第四法：切己体察。朱熹认为，"读书不可只专就纸上求义理"，即读书不能只在纸面上下功夫，而要"将圣贤之言语体之于身"，也就是说要心领神会，身体力行。读书不仅要获得知识，还要提升自身的修养，要言行一致。对于当时学生中存在的读书与现实严重脱离的现象，朱熹提出了严厉的批评。因为当时朱熹所提倡读的书是儒家的经典，是他认为的"圣贤之书"，其主要内容是修身律己。因此朱熹认为读书应该"切己体察"，这不仅是一种读书方法，也是提高学生素质的一种方法，更是修身之法。

第五法：着紧用力。读书要抓紧，亦要刻苦，要努力。朱熹把读书比作"撑上小船，一蒿不能松"，不进则退。学习一刻也不能放松，否则就会倒退。朱熹还用母鸡抱卵来比喻，如果母鸡抱卵抱抱停停，忽冷忽热，那永远也抱不出小鸡来。读书也是一样，三天打鱼，两天晒网，也是打不到鱼的。

第六法：居敬持志。居敬，是指要端正学习态度，要精力集中，全神贯注，兢兢业业。持志，是要有坚定的志向，明确的目标。朱熹说过："立志不定，如何读书？"没有志向，没有目标，读书就成了无本之木，不可能取得成效。

读书六法，反映了读书学习的基本规律和方法，在中国古代很有影响力，于今也很值得借鉴。朱熹作为程朱理学的代表人物，在《童蒙须知》和他的教育理论中，不可避免地渗透了一些理学的糟粕，这就需要我们在运用时加以选择。

二十二、许衡家教重人格

在古人看来，修身，对上关系到国家政权的稳固和社会的长治久安，对下关系到家庭的和谐兴盛和子女的健康成长。也就是说，人只有具备了良好的人格修养才能立足于社会，才能谈得上实现理想抱负，成为对社会对国家有用的人。

许衡，字仲乎，号鲁斋，宋末元初的思想家、教育家，是元代百科全书式的通才和学术大师。他自幼勤奋好学，喜欢读宋代儒学代表人物程颐和程颢、朱熹的著作，是程朱理学在元代的主要传承者。元宪宗四年（1271），忽必烈召他出任京兆提学，授国子祭酒。他帮助元世祖建立治道，推进国家统一。他还创立国子学，形成教育体系，培养了大批人才。

许衡也是一位具有很高道德修养的人，他生活在宋元乱世之际，有一天，正值酷暑，天气炎热，他与众人一起路过河阳，大家都口干舌燥，看见路边有一片梨树，大家便都去摘梨吃，只有许衡坐在树下不动。有人问他："你怎么不吃梨呀？"许衡说："不是自己的梨，怎么能吃呢？"有人说："世道这么纷乱，管它是谁的呢！它已经没有主了。"许衡说："梨无主，吾心独无主乎？人所遗，一毫弗义弗受也。"意思是说，虽然梨树没有主人，但我心难道也没有主人吗？别人丢失的，一丝一毫不合乎道义的也不能接受。这就是后来家喻户晓的"不食无主之梨"的故事。

其实许衡年轻时家里很贫穷，他们家世代都是农民，只靠自己种田来维持生活。粮食没有成熟之前，经常用糠菜来充饥。他自小就很聪明，很有抱负。据史料记载，许衡七岁入学，老师授课时，他经常给老师提出问题，令老师难以回答。他曾经问老师："读书有什么用？"老师回答说："考取功名呀！"他说："难道只有这一个用处吗？"老师一时语塞，不知说什么好。不久老师对许衡父母说："您的儿子悟性不凡，他日必有过人之处。我已经不能教他了。"许衡在艰难的处境中，仍然不忘读书，而且认真地探究书中的含义。他做官以后，清廉刚正，别人送给他东西，不合情理的他一概不收。

孟子说"君子慎独"，一个具有良好道德修养的人，始终都会严格要求自己。许衡不仅很注重自己的人格修养，还很重视孩子的教育。他崇尚孟子的高尚人格，认为《孟子》一书中的浩然正气能给人以向上的激励，是很好的人格教育的教材，因此他要求儿子通读《孟子》，他希望儿子通过读圣贤的著作来培养自己良好的人格，为此他专门写了一首《训子》诗：

> 干戈恣烂漫，无人救时屯。中原竟失鹿，沧海
> 变飞尘。我自揣何能，能存乱后身。遗芳藉远祖，
> 阴理出先人。俯仰意油然，此乐难拟伦。家无儋石
> 储，心有天地春。况对汝二子，岂复知吾贫。大儿
> 愿如古人淳，小儿愿如古人真。平生乃亲多苦辛，
> 愿汝苦辛过乃亲。身居畎亩思致君，身在朝廷思济

民。但期磊落忠信存，莫图苟且功名新。斯言殆可
书诸绅。

在诗中，许衡告诫儿子：身处乱世，做人一定要纯真磊落，忠
信笃实；尽自然之本色，真实而无虚伪。"居庙堂之高则忧其民，
处江湖之远则忧其君"，致君济民，不图苟且之功名，做一个光明
磊落的人。《训子》既是许衡人生态度和品格的写照，也是对后代
的期望。

在许衡家训教育下，他儿子从小就具有很好的道德品质，《元
史》里记载：邻居家庭院里有果树，果子熟了，掉到地上，许衡的
儿子从那里经过，看都不看一眼。别人都称赞说，这都是父亲教育
得好啊！许衡的两个儿子，一个官至谏议大夫，一个官至御史中
丞、光禄大夫，并且为官清廉，政绩卓著。其家族历史上有"子孙
四尚书"之誉。

许衡的做人准则和人格以及对孩子的成功培养，在当今家风家
规教育中，很有现实意义。

在我国传统文化中，一向把人格修养作为"齐家、治国、平
天下"的根本，早在《礼记·大学》篇中就明确指出："修身、齐
家、治国、平天下"，"身修而后家齐，家齐而后国治，国治而后
天下平"。这里提到的"修身"，就是人格修养。在古人看来，修
身，对上关系到国家政权的稳固和社会的长治久安，对下关系到家
庭的和谐兴盛和子女的健康成长。也就是说，人只有具备了良好的
人格修养才能立足于社会，才能谈得上实现理想抱负，成为对社会
对国家有用的人。

三国时诸葛亮的《诫子书》给儿子提出了"淡泊明志，宁静致

远"的目标，要求儿子修身养德，勤学苦练，立志成才。

宋朝寇准的母亲给儿子写了一首示儿诗《寒窗课子图》："孤灯夜读苦含辛，望你修身为万民。勤俭家风慈母训，他年富贵莫忘贫。"寇准幼年丧父，家境贫寒，母亲织布维持生活，供他读书。寇准不负母亲的期望，考取了进士。一生遵守母亲的教诲，为官清廉，成为宋朝著名的贤臣。

近代教育家黄炎培也有一首示儿诗："理必求真，事必求实，言必求信，行必踏实。"黄炎培先生教育儿子要追求真理，诚实守信，踏实做事，力戒浮躁。

在现代教育中，强调德智体美全面发展，仍然把德育教育放在首位。人格修养是德育中的重要内容。由此可见，人格修养无论对个人、对家庭、对国家都是至关重要的。中国许多古代先贤都非常重视人格修养，他们的家庭教育给我们提供了实现人格修养非常宝贵的经验和行之有效的方法。

首先，最重要的一点就是以身作则。家长的人格是众多教育因素中最重要的部分，它可以起到影响和感召孩子的作用。历代政治家和思想家都非常重视家长的以身作则。《礼记·大学》中说："身不修，不可以齐家。"这是说家长只有把自身的道德规范修养好了，才能管好自己的家和后代。许衡在兵荒马乱之际不食无主之梨，为官时清正廉洁，不取不义之财；家贫但能安贫乐道、坦然处之。这些行为都是他高尚人格的体现，这些都潜移默化地深刻影响了孩子，使孩子在自己的行为中不断地效仿和强化。古代先贤这样的事例很多，北宋的范仲淹"先天下之忧而忧，后天下之乐而乐"的高尚人格激励了无数的仁人志士，同时也影响感召了他的儿子，以他自己的话说：他的儿子们是"纯仁得其忠，纯礼得其静，纯粹得其略"。他的后代皆为时人称颂，次子纯仁官至宰相，成为一代名臣。

明代学者陆世仪指出，"教子须是以身率先"，这是说要教育孩子，首先要家长自己先做得好。俗话说的好，"老子偷盗瓜果，儿子杀人放火"。清代学者张履祥曾直言不讳地说："人各欲善其子，而不知自修，惑矣！"每个家长都想把孩子培养好，但却不知道修养自己的品格，这是糊涂的家长。现今的确有些家长把孩子的教育完全交给了学校和老师，孩子品行不好或者学习不好，就迁怒于老师或学校，而不知自己的很多品行已经对孩子产生了极大的负面影响。

父兄有善行，子弟学之或不肖，父兄有恶行，子弟学之无不肖；可知父兄教子弟，必正其身以率子，无庸徒事言词也。

——（清）王永彬《围炉夜话》

意思是：父兄如果有好的德行举止，晚辈可能学不好比不上，但是如果父兄有不好的行为举止，那晚辈可能会学得惟妙惟肖。长辈教晚辈，一定要先端正自己的行为来率领他们，这样他们才能学得好，而不是只在言辞上白费工夫，不能以身作则。可见家长的以身作则多么重要。每个家长都想把孩子培养好，却忘记修养自己的品格，把孩子的教育完全交给学校和补习班，却忽略了家庭教育的重要性，忘记了自己才是孩子最好的老师。

其次，要引导孩子学习古今中外历史名人的事迹与伟大人格，使他们产生崇拜感。许衡敬仰孟子的人格修养，于是他就向儿子们推崇《孟子》一书让孩子们去学习，去体会孟子的人格力量。孩子在青少年时期，人格还没有完全形成时，对于偶像的崇拜感会使孩子内心释放出极大的热情，去追随和效仿崇拜的对象，会把其当成自己努力的目标。所以家长可以多给孩子推荐具有教育意义、具有人格魅力的人物故事。

最后，要建立家规，用道德规范和行为规范来约束孩子。许衡的《训子》就是一部极具教育意义的家规。《训子》中所说的"大儿愿如古人淳，小儿愿如古人真""身在朝廷思济民，但期磊落忠信存，莫图苟且功名新"，等等，既是对儿子的期望，也是对儿子行为的规范。孩子们深领其意，成长中遵循了这些规范，因而成为具有人格修养的典范。

二十三、俭朴立德，勤勉修业——朱元璋示儿

现身说法的形式灵活多变，可以语重心长地以长辈身份与孩子交谈，可以平等地像老朋友一样促膝谈心，可以在遇到问题时有针对性地选择事例来谈，还可以像朱元璋、曾国藩一样以书信来谈。

朱元璋（1328—1398），字国瑞，元末农民起义军首领，明朝开国皇帝（1368—1398在位），史称明太祖，是卓越的军事家、战略家、统帅。

朱元璋生长在濠州钟离孤庄村的一个贫苦农民家庭，他在家族兄弟中排行第八，所以叫朱重八，后改名朱元璋。朱元璋家世代都以务农为生。由于家里贫困不能读书，朱元璋从小在村里放牛。

朱元璋当了皇帝以后，便鼓励农民耕种田地，组织各地农民兴修水利，大力提倡种植桑、麻、棉等经济作物和果木作物，经过一段时期的努力，社会生产得以恢复发展，老百姓的生活逐渐富裕起来，历史上把他这一时期的社会治理称为"洪武之治"。他也深知

创业难，守业更难。因此，他对子女的教育非常严格，而且特别重视品德教育，即要子女"正心"。他曾对儿女们说："你们知道什么是进德修业吗？进德，就是进益道德；修业，就是修营功业；古代的君子，德充于内，又见于外，故器识高明，善道日多。恶行邪僻皆避之。己修道已成，必能服人，贤者集拢于你的周围，不肖者远避，能进德修业，则天下必治，否则必败。"

朱元璋还常常以自己的亲身经历来教育儿女，要他们艰苦创业，他叫人把自己艰苦创业的经历和先贤的事迹画在内宫的墙壁上。他对儿子们说："我是农民出身，只因祖辈积德行善，保佑了我。我现在给你们画出来，就是警示你们，创业有多么艰难。你们要磨炼自己呀！"对于太子能否守住江山，朱元璋有一些担忧，于是他给太子写了一封信，信中说：

> 自古创业之君，功涉勤政，达人情，周物理，故处事闲当。宁成之君，生长富贵，若非平昔练达，少有不谬者。故吾特命尔日临群臣，听断诸司启示，以练习国政。惟仁不失疏暴，惟明不惑邪，惟勤不溺于安逸，惟断不牵于文法。凡此皆心为权变。吾自有天下以来，未尝暇逸，于诸事务惟独毫发失当，以负上天托付之意。戴星而朝，夜分而寝，尔所亲见。尔能体而行之，天下之福也。

这封信的意思是：自古以来，创业的君主辛勤于政务，通达于人情世故，周全于政务，所以处理事务比较妥当。而守业的君主生长在皇帝家中，从小享受富贵，如果不是平日历练通达，很少有不犯错的。所以我特意让你每天到朝廷接触群臣，听取和决断各位大臣和官署上奏的事情，来锻炼执掌国政。只有仁爱才不失于粗暴，只有明察才不会被邪恶所迷惑；只有勤勉才不会贪图安逸。只有明断才不会牵累于法案。所有种种，都是为了防止皇权发生政变。我自从拥有天下以来，不曾有片刻的闲暇安逸，对于所有政务的处理唯恐有丝毫的不妥，以致辜负上天托付给我的意愿。我每天头顶星星上朝，晚上半夜时分才能就寝。这都是你亲眼所见的呀！如果你能像我这样身体力行，那就是天下的福分了。

　　在这封信里，朱元璋表达了两个意思：一是创业君主都勤于政事，自己就是实例，披星戴月，不曾有片刻闲暇。目的就是为了保住江山。二是太子在皇宫里长大，养尊处优，必须要历练，才能有执掌天下的能力，才能守住皇权而不变。

　　　乍富不知新受用，乍贫难改旧家风。

　　　　　　　　　　　　　　——《增广贤文》

　　朱元璋出身贫苦，当上皇帝后也力主勤俭节约，不铺张浪费。1368年明朝建立，大臣们看到皇帝居住的宫殿很小，就建议朱元璋扩建皇宫。朱元璋立即拒绝了，他不仅没有扩建和装修宫殿，反而叫人在宫墙上画了一些提倡勤俭节约的图画，来提醒自己不要忘本。按照惯例，皇帝用的器具都是用黄金来装饰，可朱元璋下令全部以铜代替。大臣们诧异："大明朝再穷，也不差这点钱呀！"朱元璋严肃地说："这不是钱的事。而是涉及民风官风的大事。如果我用黄金，皇室、官员就会用白银来装饰，再下面就用铜来装饰，全国那么多官员，得浪费多少啊！如此一来，奢侈的风气也就形成了。"

他希望太子能像自己一样，勤于国政，守住江山。因此，他以自己的躬亲努力来给太子做了示范。他给儿子树立了一根标杆，一个榜样。他还对太子说："你知道农民的艰辛吗？他们一年到头劳作，国家经费都出自他们之手，所以，你要珍惜农民的劳动，取之有节，用之有度；使百姓不至于饥荒，这才是尽了为君之道啊。"

朱元璋的这种现身教育，很实用，孩子们有了榜样，也有了追求的目标。通过在现实中的磨炼，他们使自己逐渐成熟起来。

通过现身说法来教子，是一种比较行之有效的家教方法，教子有方的曾国藩也曾如此教育儿子，他常给儿子写信，其中写给纪泽、纪鸿的信中说：

> 家中来营者，多称尔举止大方，余为少慰。凡人多望子孙为大官，余不愿为大官，但愿为读书明理之君子。勤俭自持，习劳习苦，可以处乐，可以处约。此君子也。余服官二十年，不敢稍染官宦习气，饮食起居，尚守寒素家风，极俭也可，略丰也可。太丰则吾不敢也。凡仕宦之家，由俭入奢易，由奢返俭难。尔年尚幼，切不可贪爱奢华，不可惯习懒惰。尔读书写字不可间断，早晨要早起，莫坠曾高祖考以来相传之家风，此君子也。

这封信的意思是：家中的人来军营的，都说你举止大方，我心里略感安慰。普通人大多希望子孙们能当大官，但我不愿自己的子孙当大官，只求他们能成为读书而明白事理的君子。勤俭自持，习惯劳苦，可以享受安乐，这就是君子。我为官二十年，从不敢沾染半点官僚习气，饮食起居，还遵循简朴的家风，特别简朴也可以，稍微丰盛也可以，太过丰盛我就不敢了。凡是官宦人家，由简朴到奢侈容易，由奢侈到简朴难。你的年纪还小，千万不可以贪恋奢华，不可以习惯懒惰。你读书不可以间断，早晨要早起，不要败坏我们从曾祖就传下来的家风。

咸丰六年（1856）写给纪鸿的信：

> 吾有志学为圣贤，少时欠居敬功夫，至今犹不免偶有戏言戏动，尔宜举止端庄，言不妄发，则入德之基也。

咸丰九年写给纪泽的信：

> 余生平坐无恒弊，万事无成，德无成，业无成。已可深耻矣，以尔稍有成就，须从"有恒"二字下手。

> 余生平有三耻：学问各途，皆略涉其涯矣，独天文算数学，毫无所知，虽恒星五纬亦不识，一耻也；每做一事，治一业，辄有始无终，二耻也；少时作字，不以临摹一家之体，遂致屡变而无成，迟钝而不适于用，近岁在军，因作字太钝，废阁殊多，三耻也。尔若为克家之子，当思雪此三耻。

曾国藩的这几封信与朱元璋略有不同，朱元璋是以自己的勤政敬业来为太子作示范，给儿子展示的是正面形象，而曾国藩给儿子的示范有正面的，如"余服官二十年，不敢稍染官宦习气，饮食起居，尚守寒素家风，极俭也"。这是以俭朴的作风来给儿子现身说法。

但也有自己的缺点错误，如"吾有志学为圣贤，少时欠居敬功夫，至今犹不免偶有戏言戏动，尔宜举止端庄，言不妄发，则入德之基也"。

曾国藩把自己的缺点错误毫不掩饰地展现在儿子面前，目的是让儿子以此为戒，不要效仿。这样的展示很明晰，孩子非常明了什么是可以学习的，什么是必须克服的。因此，孩子努力的方向非常明确。

通常我们在家庭教育中，家长更喜欢向孩子展示自己优秀的一面，总是希望自己成为孩子敬仰的榜样，而对自己的缺点、毛病总是遮遮掩掩。一方面是出于自尊心，一方面是怕孩子仿效。其实，我们不妨学学曾国藩。

现身说法，作为一种教子方法，简单易行，不受时间、地点、环境的限制，家长可以适时地、随机地与孩子交流。交流的内容主要以这样几项为主：一是家长的优点、长处；这些优点长处给自己的人生带来了什么，在自己人生道路上起了什么样的作用。比如朱元璋，勤于国政，体恤百姓，使百姓得以休养生息，生活日渐富裕，因而得到百姓拥戴，被誉为最开明的皇帝，这使他的皇权得以巩固。让孩子了解家长的优点和长处，同时还要给孩子讲清楚自己的优点和长处是怎么养成的，给孩子指出一条学习的路径。二是将自己的缺点不足坦率而诚恳地告诉孩子，自己曾经做过的或者经历过的，无论是什么样的错误和问题，孩子都不会因此而瞧不起父母，反而会觉得父母信任他，而让孩子与家长增加亲近感，使家长与孩子之间的关系更为融洽。三是与孩子交流自己的生活经验和工作中的体会，总结具有积极进取、有利于孩子发展的经验或者需要吸取的教训，让孩子学习借鉴或者引以为戒。

现身说法的形式灵活多变，可以语重心长地以长辈身份与孩子交谈，可以平等地像老朋友一样促膝谈心，可以在遇到问题时有针对性地选择事例来谈，还可以像朱元璋、曾国藩等以书信来谈。现在又有了现代化的交流工具——手机，很多不便或不好意思面对面交流的话题，可以用手机来沟通交流，效果极佳。

二十四、将门虎子戚继光

把培养孩子的品德放在首位，只有具备良好的品格，才能承担起家国赋予的重任。其次是文化知识的学习，没有文化知识，就没有在社会立足的能力。

戚继光（1528—1588），字元敬，号南塘，晚号孟诸，卒谥武毅。山东蓬莱人。明朝抗倭名将，杰出的军事家、书法家、诗人、民族英雄。

戚继光在东南沿海抗击倭寇十余年，扫平了多年扰乱沿海的倭患，确保了沿海人民的生命财产安全；后来他又在北方抗击蒙古部族内犯十余年，保卫了北部疆域的安全，促进了蒙汉民族的和平发展；并写下了十八卷本《纪效新书》和十四卷本《练兵实纪》等著名兵书，还有《止止堂集》和在各个不同历史时期呈报朝廷的奏疏和修议。

同时，戚继光又是一位杰出的兵器专家和军事工程家，他改造、发明了各种火攻武器；他建造的大小战船、战车，为明军提供了非常优越的水陆装备；他还创造性地在长城上修建空心敌台，进可攻退可守，是极具特色的军事工程。

关于戚继光的成长，有很多动人而有趣的故事。明朝嘉靖七年（1528），戚继光出生在山东蓬莱一个将门家里，他的曾祖是一名武将，曾上书朝廷，主张加强海上防御，以抵抗倭寇的入侵。父亲戚景通是一位具有丰富军事知识、武艺精湛的军事将领。戚继光出生时，父亲已经五十六岁了。据说戚继光出生那天，天气格外晴朗，朝霞映红了大地，戚景通认为这是儿子出生的吉兆，将来儿子必有作为。于是他就给儿子取名为继光。戚景通虽然老来得子，但是他并不溺爱孩子，他懂得，儿子能否成才，关键还在于教育。所以，他对小戚继光要求很严格。

可能是受父亲的影响，戚继光从小就对军事感兴趣，在家经常做军事游戏。用泥巴堆成城墙，捡瓦砾当作营垒，布成阵地，自己当指挥官，打一场自己设想的战争。十岁大的时候，他就跟父亲进了军营。在军营里耳濡目染，更增加了他对军事的浓厚兴趣。父亲也常常给他讲有关军事的常识，闲暇时教他练武，监督他读书。父亲认为，要想成为一个将才，不仅要有一身好武艺，还要有文化，有知识。

但是戚景通最重视的是儿子品格的培养，所以他对儿子要求非常严格，儿子犯了错，哪怕是一丁点小错误，他都不放过。他经常给儿子讲历史上民族精英的爱国故事和有气节的贤达轶事，培养孩子的是非观念。在生活上，戚景通要求儿子勤劳俭朴。有一次，

龍潭有序

薊鎮石匣營南十里為龍潭石罅中瀦水色澄澈若有洞在水中隱隱可見茲冬余以集練標路將士于石匣暇日攜遊於此詩以紀之實為今上改元之三年云

紫極龍飛冀北春　石潭猶自守鮫人
風雲氣薄河山迴　闆閣晴開日月新
三輔看天常五色　萬年卜世屬中宸
同遊不少攀鱗志　獨有波臣愧此身

萬曆乙亥冬十月之望定遠戚繼光書

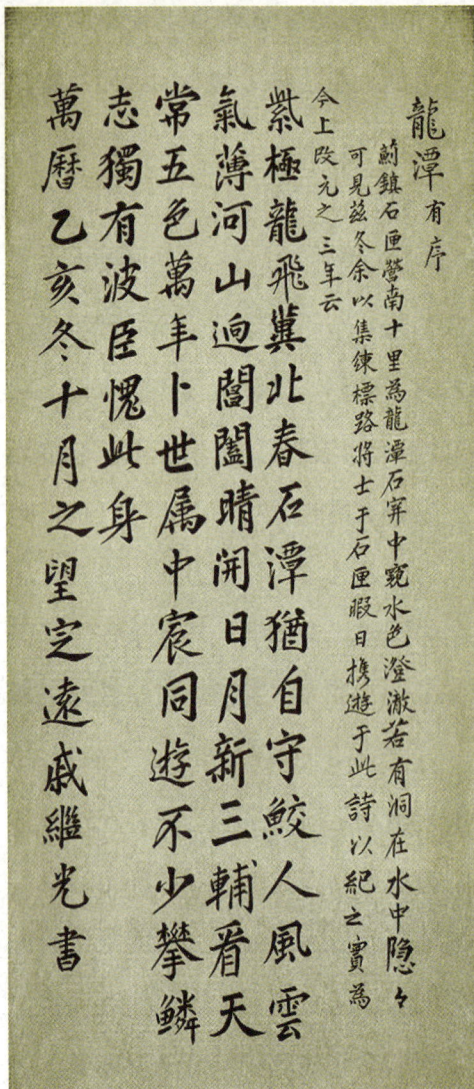

戚继光的外祖父送给戚继光一双很考究的锦丝鞋，妈妈就让戚继光穿上了。在庭院里戚景通看到儿子穿着精美的新鞋，立刻让他把鞋脱下来，并对他说，你这么小的年纪，怎么能穿这么华贵的鞋啊！现在开始讲究穿好吃好，以后会要求更高，追求更奢侈的生活。如果你当上军官，就会贪污军队的粮草。

戚继光十二岁那年，家里维修房子，父亲戚景通的设计极其简单，只在两楹之间安装四扇门户，按照当时的习俗，像他们这样的将门之家，是可以在房屋的两楹之间安装十二扇雕花的门户，而戚景通的设计只是按照普通人家的标准。戚继光就和父亲商量改成十二扇门，戚景通严厉地对儿子说："房屋只要不漏雨，能居住就可以了，门只是供人进出的，四扇门就足够用了，我们为什么要浪费，讲那些排场呢？你这是爱虚荣的表现，如果不改掉这个毛病，守不住国门，连这四扇门恐怕也保不住。"父亲的这一段话对戚继光震动很大，让他记了一辈子。

戚继光在父亲的严格管教下慢慢长大了，他不负父亲的教诲，养成了良好的品格，不仅有强烈的上进心，还具有坚韧不拔的毅力和吃苦耐劳的精神，他的理想就是当一名将军，保卫祖国的海疆。他写了一首诗，抒发了自己的志向："封侯非所愿，但愿海波平。"而且立下誓言，一旦成为军人，一定要"身先士卒，临敌忘身"。戚继光十七岁那年，年迈的父亲已经重病在床，他把戚继光叫到床前，对儿子说："朋友们都问我，给子孙后代留下什么遗产了，你知道我给你留什么了吗？"戚继光望着父亲不知道说什么是好，父亲拉着儿子的手接着说："孩子，你知道我是将官，没有给你留下别的，只给你留下了国家的土地，希望你能为国尽忠，保卫国土。你若如此，我就无以牵挂。"戚继光眼含着热泪向父亲保证："我一定不辜负父亲的期望，誓死保卫国家。"没过多久父亲就去世了，戚继光接替了父亲的职务，开始了戎马生涯。他率领戚家军。转战南北，所到之处，倭寇闻风丧胆，战战兢兢地称戚继光为"戚老虎"。在抗击倭寇的战争中，戚继光不断立功，成为功垂青史的民族英雄。

戚景通教子的目标很明确，把培养孩子的品德放在首位。他认为作为一个能成大业的人才，首先应该有好的人品，也就是说只有具备良好的品格，才能承担起家国赋予的重任。其次是文化知识的学习，没有文化知识，就没有在社会立足的能力。这两点应该是每个孩子成长的目标和方向，是孩子培养中的共性标准。戚景通希望儿子能继承自己未竟的事业，所以他又有意识地对儿子进行军事训练，这是个性化的培养。俗话说"将门出虎子"，戚继光在父亲有意识的培养和军营生活环境的熏陶下，具备了成为将领的潜质，最终成为一名杰出的将领。戚景通的教子方法很简单，就是严格要求和管教。我们现在的家教其实最难实行的就是严格，特别是独生子女家庭，祖辈的宠爱往往没有底线，父母不仅没有时间管教孩子，即便是想对孩子要求严格一些，也往往遭到孩子爷爷奶奶或者外祖父外祖母的反对和阻拦，导致家庭矛盾。这也是家庭所要克服和解决的问题。所以，教育孩子，不仅父母需要学习，祖辈也要学习。

戚继光的艺术成就

戚继光是一名杰出的将领，在军事上成绩卓越，而且在艺术上也颇有成就。在戎马倥偬之际既写成了《纪效新书》《练兵实纪》等军事著作，又留下了《止止堂集》等诗文篇章，在当时那个年代就享有"伟负文武才如公者，一时鲜有其俪"的赞誉。戚继光的书法也颇有造诣，行笔流畅，个性化的书法艺术表达出果敢潇洒、奔放骏爽、意气风发的气息。书法作品透露出他内心的沉静刚毅，棱角分明的粗线条勾画出他不受拘束的气概。

二十五、王夫之教子立志

社会是不断进步的，人类的文化教育也应该随之不断地发展进步；无论是学还是教，都不能把国家民族危亡置之脑后。所以，教人为学，要先教人立志，"志定而学乃益"。

王夫之（1619—1692），中国明清之际的教育家、哲学家，也是清代著名的爱国学者。字而农，号姜斋，湖南衡阳人，晚年隐居在湘西石船山（今衡阳县曲兰），曾读书于岳麓书院，二十四岁中举。晚年隐居在衡阳，开始研究学问，发奋著书，收徒讲学长达四十年。康熙三十一年（1693）在石船山下的草堂里病逝。

作为教育家的王夫之，他的教育思想是以唯物主义、社会进化论和人性论为基础的，发展了中国古代关于"学"与"思"、"知"与"行"相结合的教育原理，将人的形成与发展和知识的积累与德行的养成统一起来，提出"日生日成"的新理论。他认为，社会是不断进步的，人类的文化教育也应该随之不断地发展进步；无论是学还是教，都不能把国家民族危亡置之脑后。所以，教人为学，要先教人立志，"志定而学乃益"。这就是所谓的"正志为本"，也就是要把培养学生的志向作为教育的根本。他说："夫志者，执持而不迁之心也，生于此，死于此，身没而子孙之精气相承以不间。"在王夫之看来，志向，是一个人终身相守的一种精神追求，它不仅支配着一个人一生的思想行为，而且应当留给子孙后人，让他的思想发扬光大，代代相传。

对于"立志"的重要意义，王夫之这样认为："志定而学乃益，未闻无志而以学为志者也。以学而游移其志，异端邪说，流俗之传闻，淫曼之小慧，大以蚀其心思，而小以荒其日月。"这段话的意思是说，学习与立志有直接的关系，学必立志，只有立下志向的人，学习才有了方向和动力，才能有所收益。如果没有志向，那就会被异端邪说、世俗的传闻所迷惑，沾染上恶习。其危害大到腐蚀了人的思想意志，小到荒废了光阴。现实中还不曾有没有志向而学有所成的人。

对于如何立志，王夫之这样说："人之所为，万变不齐，而志则必一。从无一人而两志者，志于彼而又志于此，则不可名为志，而直谓之无志。""志正则无不可用，志不持则无一可用。"也就是说，立志，必须专一，一个人不可能有两个志向，这也是你的志向，那也是你的志向，就等于没有志向。专注于自己的志向，就一定能有所作为，否则，将一事无成。

王夫之的这些教育理念不仅运用于他的教育实践中，也用于他的家庭教育中。他在写给儿子、侄子及侄孙的诗中，直接阐明了他的观点：

示子侄

立志之始，在脱习气。习气薰人，不醪而醉。其始无端，其终无谓。袖中挥拳，针尖竞利；狂在须臾，九牛莫制。岂有丈夫，忍以身试？彼可怜悯，我实惭愧！前有千古，后有百世；广延九州，旁及四夷。何所羁络，何所拘执？焉有骐驹，随行逐队。无尽之财，岂吾之积？目前之人，皆吾之治，特不屑耳，岂为吾累！潇洒安康，天君无系。亭亭鼎鼎，风光月霁。以之读书，得古人意；以之立身，踞豪杰地；以之事亲，所养惟志；以之交友，所合惟义。惟其超越，是以和易。光芒烛天，芳菲匝地。深潭映碧，春山凝翠。寿考维祺，念之不昧！

意思是说，立志之初，首先要摒弃不良习气。不良习气影响人，不用酒，都足以醉人。它来无端、去无影。为了针尖一点的蝇头小利，也会与人挥舞拳头。片刻的狂妄冲动，九牛之力也难以制止。岂有一个堂堂大丈夫，愿以身尝试？这样做的人实在可怜，自己也会深感惭愧。在我之前有千古之久，在我之后有百代之远。地域广阔至整个天下，旁及四方之边鄙，我有什么局限牵制呢？而一个有志的人，又怎能与世俗随波逐流呢？无穷的财富，哪是我所要蓄积的呢？而眼前这些人，都是我要影响教化的对象，只要心中并不在意他们的毛病，又怎会成为我的累赘呢？

为人潇洒宽厚，心中便坦然无愧。人胸怀宽广，如日月清朗纯净，用这样的气度去读书，就能深得古人的意境；用这样的胸怀来立身处世，便如同立于豪杰之地；这样去侍奉双亲，便能涵养出高尚的品格；这样去交友，处事就能合乎义理。只有超脱于尘俗的气度，才能温和平易。这样人品就会如灯烛辉煌，光芒四射，如芳菲满地，香气袭人；如深潭之水，映照碧波；又如春天的青山，苍翠浓绿；还能享高寿、致吉祥，终身谨念不失。

王夫之认为，人开始立志，就要摆脱庸俗低级的习气，而一旦立下志向，就会成为有所作为的人，就如同"光芒烛火，芳草匝地；深潭映碧，青山凝翠"。

他还有一首《示侄孙生蕃》诗，写道：

忘却人间事，始识书中字。识得书中字，自会人间事。俗气如糨糊，封令心窍闭。俗气如岚疟，寒往热又至。俗气如炎蒸，而往依坑厕。俗气如游蜂，痴迷投窗纸。堂堂大丈夫，与古人何异。万里任翱翔，何肯缚双翅。盐米及鸡豚，琐屑计微利。市贾及村氓，与之争客气。以我千金躯，轻入茶酒肆。汗流浃衣裾，拿三而道四。既为儒者流，非胥亦非隶。高谈问讼狱，开口即赋税。议论官贪廉，张唇任讥刺。拙者任吾欺，贤者还生忌。摩肩观戏场，结友礼庙寺。半截织锦袜，几领厚绵絮。更仆数不穷，总是孽风吹。吾家自维扬，来此十三世。虽有文武殊，所向惟廉耻。不随浊水流，宗支幸不坠。传家一卷书，惟在尔立志。凤飞九千仞，燕雀独相视。不饮酸臭浆，间看傍人醉。识字识得真，俗气自远避。人字两撇

捺，原与禽字异。潇洒不沾泥，便与天无二。汝年

正英少，高远何难企。医俗无别方，惟有读书是。

"传家一卷书，惟在汝立志。"是说：我留给你的是一卷书，
作为传家宝，只希望你能树立远大志向。他勉励侄孙要学习凤凰具
有凌云之志，而不要学燕雀留恋茅檐草舍。不要趋炎附势，取不义
之财。不要被庸俗之气所侵蚀。他还说："人字两撇捺，原与禽字
异。潇洒不沾泥，便与天无二。""人"字是一撇一捺，本来就与
"禽"字不同，不同就在于"人"能立志。如能潇洒脱俗而不沾染
污泥，那他就是顶天立地的人了。

王夫之这两首诗的意思很明了，教育孩子立志，是教育孩子
的重要内容，是孩子成长的基础；只有先立志，才可能成为有用的
人。所以，无论是教育学生还是教育自己的孩子，他都把立志教育
放在首位，作为教育的根本。

而在目前的家庭教育中，却往往忽略了这个内容。在家里，
父母多半把孩子的学习成绩放在第一位，目标就是考上名牌大学。
而学校的教育，虽不乏理想信念教育，但都是笼统的，是缺少针对
性的。因而很多孩子没有明确的志向，只是被动地听从老师和家长
的安排，甚至是摆布。当今社会经常出现这样的情况，每到高考
结束，需要填报高考志愿时，问孩子想报什么学校什么专业，孩子
一脸懵懂，"问我妈爸吧"。直到大学毕业，自己也没有明确的志
向。有些孩子更是由于缺少志向，根本就不愿意学习，每天沉溺于
游戏中，浑浑噩噩，一事无成。

王夫之的教育思想给我们指明了家庭教育的方向，他自己的
家庭教育实践给我们提供了可以借鉴的方法。主要有以下两点：

一是家长首先要有志向，有志气，才可以对孩子进行现身说法。王夫之就是一位有志向有骨气的人，他生于明清交替之际，青年时立志匡时救国，主张复明抗清，当清兵攻陷他的家乡湖南衡阳，并下令"剃发"时，王夫之坚决不从。他举义兵在衡山抗击清兵南下，后来战败，退兵肇庆。后来因为上书反对东阁大学士王化澄结党营私，屡遭不测。又到桂林，继续抗清，结果桂林又被清兵攻陷。但他矢志不改，心怀忧愤回到了衡阳，隐居起来，开始研究儒家经典，聚徒讲学，宣传抗清思想。为了躲避清政府的迫害，王夫之几度迁徙，最后在石船山下修筑了一座茅舍，取名为"湘西草堂"。因而后人称他为"王船山"，用他自己的话说："船山，山之岭有石为船，顽石也，而以名之。"他称"船山"为"吾山"，以"顽石"比喻自己的坚韧，象征着自己坚守的志向。在石船山，虽然条件艰苦，生活窘迫，但他从未间断著书立说和讲学，在这个草堂里整整生活了十七年，著书多达四百多卷。王夫之逝世后，他的朋友在他的墓碑上刻了一副对联，写道："世臣乔木千年屋，南国儒林第一人。"王夫子以自己坚韧不拔的精神和矢志不渝的志向给晚辈树立了榜样。

教育孩子立志，王夫之也有自己的新鲜的见解，即要结合孩子的特点，能为孩子所接受。这是我们要遵循的第二点。王夫之认为：儿童易受外界影响，可变性大，便于"求通而不自锢"，所以教育者必须"正其始"，"养其习于童蒙"。

家庭教育的熏陶

王夫之的成就得益于家庭的熏陶和教养。王夫之祖父王惟敬和父亲王朝聘一生皆未做官，祖父王惟敬一生执守儒家学者风范，家教甚严，亲自教子，常辅导功课至半夜。在王惟敬的教育下，王朝聘、王廷聘、王家聘三子都被培养成有学问、重节操的文人。王夫之的父亲王朝聘，人称武夷先生，满腹经纶，博览群书，一心钻研学问，且一直避免与地方官吏、豪绅的往来，保持了一种超然的清高风度。在学问根基和学风上，他对三个儿子介之、参之、夫之均有很好的影响。生活在这样的家庭中，王夫之不仅在经、史、文学方面打下很深厚的基础，而且在人格上深受熏陶感染，铸成了注重节操的品格、专心治学的态度、自甘清贫不慕虚名的学者风度。

我们许多家长在培养孩子时，往往喜欢主宰孩子的一切，甚至孩子的未来。若说孩子树立什么样的远大志向，多半是家长为孩子设计的。家长是以自己的认识和喜好来给孩子谋划未来，很少顾及孩子的兴趣爱好和特点，结果往往事与愿违，这是家长要修正的。孩子树立什么样的志向，未来的理想是什么，要尊重孩子的特点和喜好，由孩子自己来决定。比如，有的孩子就喜欢老师，自己将来也想成为一名老师，这就是志向，尊重孩子的这一选择，那么他就会朝着这个方向努力，坚定不移，那么将来他一定会成为一名优秀的教师。有的孩子在幼儿园经常玩医生给小朋友治病的游戏，说明孩子对医生这一职业格外有兴趣，那么就可以鼓励孩子立下志向，为了当一名白衣天使而努力。反之，如果违背了孩子的天性和意愿，家长只以自己的喜好来引导孩子、决定孩子的志向，但是孩子没有这方面的潜质，或者孩子对这方面没有兴趣，只是为了满足家长的心愿而非常勉强地去学习，不仅没有学习和进取的动力，还会产生巨大的心理压力，觉得学习是非常痛苦的事情，那么，孩子将来不可能会有建树和成就，逼迫孩子学习的结果还有可能就此毁了孩子的一生。

二十六、治家之经《朱子治家格言》

> 一粥一饭，当思来处不易；半丝半缕，恒念物
> 力维艰。宜未雨而绸缪，毋临渴而掘井。

朱用纯（1627—1698），字致一，号柏庐，明末清初江苏人，著名的理学家、教育家。一生致力于教育事业，撰写数十本教材，有《朱子治家格言》《大学中庸讲义》等。康熙三十七年（1698）病逝，临别给子弟遗言："学问在性命，事业在忠孝。"

《朱子治家格言》也称《朱子家训》，全书524个字，围绕"修身""齐家"的宗旨，以儒家为人处世的原则为主导，将儒家的教育思想融汇到具体的安分守己、勤俭持家之中。内容简明扼要，语言通俗易懂；问世以来深得官宦、绅士等赏识。在清代就已经成为家喻户晓、脍炙人口的教子治家的经典家训。被历代士大夫称为"治家之经"，是清朝到民国这一时期童蒙必读的课本之一。

《朱子治家格言》全文：

> 黎明即起，洒扫庭除，要内外整洁；既昏便息，
> 关锁门户，必亲自检点。一粥一饭，当思来处不易；
> 半丝半缕，恒念物力维艰。

> 宜未雨而绸缪，勿临渴而掘井。自奉必须俭
> 约，宴客切勿留连。器具质而洁，瓦缶胜金玉；饮

食约而精，园蔬愈珍馐。勿营华屋，勿谋良田。

三姑六婆，实淫盗之媒；婢美妾娇，非闺房之福。童仆勿用俊美，妻妾切忌艳妆。

祖宗虽远，祭祀不可不诚；子孙虽愚，经书不可不读。居身务期质朴；教子要有义方。勿贪意外之财，莫饮过量之酒。与肩挑贸易，毋占便宜；见穷苦亲邻，须加温恤。刻薄成家，理无久享；伦常乖舛，立见消亡。兄弟叔侄，须分多润寡，长幼内外，宜法肃辞严。听妇言，乖骨肉，岂是丈夫，重资财，薄父母，不成人子。嫁女择佳婿，毋索重聘；娶媳求淑女，勿计厚奁。

见富贵而生谄容者，最可耻；遇贫穷而作骄态者，贱莫甚。居家戒争讼，讼则终凶；处世戒多言，言多必失。勿恃势力而凌逼孤寡；毋贪口腹而恣杀生禽。乖僻自是，悔误必多；颓惰自甘，家道难成。

狎昵恶少，久必受其累；屈志老成，急则可相依。

轻听发言，安知非人之谮诉？当忍耐三思；因事相争，焉知非我之不是？需平心暗想。施惠无念，受恩莫忘。凡事当留余地，得意不宜再往。

人有喜庆，不可生嫉妒心；人有祸患，不可生喜幸心。善欲人见，不是真善；恶恐人知，便是大恶。见色而起淫心，报在妻女；匿怨而用暗箭，祸延子孙。家门和顺，虽饔飧不继，亦有余欢；国课早完，即囊橐无余，自得至乐。

　　读书志在圣贤，非徒科第；为官心存君国，岂计身家？守分安命，顺时听天。为人若此，庶乎近焉。

《朱子治家格言》的内容主要提出了两个方面主张：治家和为人处世。

　　一粥一饭，当思来处不易；半丝半缕，恒念物力维艰。

　　　　　　　　　　　　　——朱柏庐《朱子治家格言》

　　意思是说：吃每一碗粥、每一碗饭时，都应想想这粥饭里有多少人的付出，真的是来之不易；我们生活中所用的每半根丝、每半缕线，都要常常想想其中包含多少人的心血，应该好好珍惜。这句话告诫人们养成勤俭节约的美德要从日常生活、穿衣吃饭做起，不要铺张浪费。切莫把日常微小的事物看轻了，不知珍惜。

　　治家方面："黎明即起，洒扫庭除；即昏便息，关锁门户。"要起居有常，遵循有规律的作息时间。"一粥一饭，当思来之不易；半丝半缕，恒念物力维艰。""自奉必须俭约，宴客切勿流连。""勿营华屋，勿谋良田。"这是主张生活要俭朴，要勤俭持家。

　　此外还有不要有贪心；治家要有忠厚之心；教子要有方法，嫁娶不要贪图富贵；要孝敬父母。

　　在为人处世方面：邻里相处要戒争讼，不可随意乱说话。要谨慎交友，不可恃强凌弱。不要"见色而起淫心"，存有非分之想。要奉公守法，勿乖僻颓惰。

　　全书虽然只有短短的五百多字，但囊括了中国传统的治家理财、为人处世的全部准则；而且以格言的形式呈现，便于诵读和记忆，因而成为人们教子理家的首选教材。在现代教育中，在不断加强传统文化教育的大背景下，《朱子治家格言》仍然是很有实用价值的教材。家长可以利用孩子学习之外的闲暇时间和零星时间，与孩子一起朗读背诵，在背诵中，给孩子讲解其意，让孩子理解其中的深刻含义，并在日常生活中坚持引导实践和训练格言的内容。其中有些格言如"黎明即起，洒扫庭除""一粥一饭，当思来之不易；半丝半缕，恒念物力维艰""宜未雨而绸缪，毋临渴而掘井""凡事当留有余地，得意不宜再往"……这些已经成为警句成语，对人的一生都有指导意义。

二十七、咬定青山不放松的郑板桥

郑板桥给我们家长做了榜样，家长率先做到了修身，才能懂得对孩子品德培养的重要，也才能给孩子树立一个典范。

郑板桥（1693—1765），原名郑燮，字克柔，号理庵，又号板桥，人称板桥先生，江苏兴化人，祖籍苏州。康熙年间的秀才，雍正十年（1732）中举人，乾隆元年（1736）进士。曾任山东范县、潍县县令，政绩显著，后客居扬州，以卖画为生，为"扬州八怪"的重要代表人物。

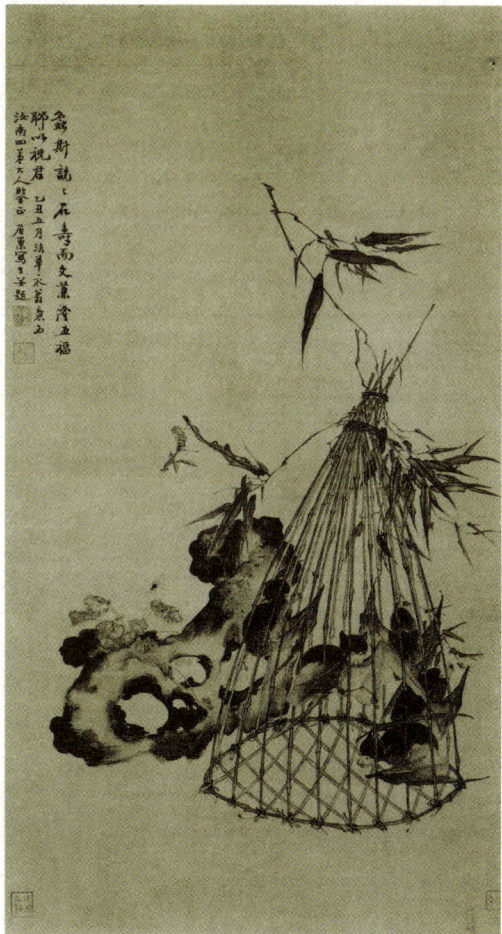

郑板桥虽然官职不高，但却极其认真，他关心民生疾苦，体恤民情。在他执政期间，当地风清气正，没有一件错案，没有一件渎职失职之事。而他自己，廉洁自律，两袖清风。在他任潍县县令期间，适逢连年荒灾，他不顾上级官员反对，私自开仓放粮，赈济当地百姓，为此得罪了官绅，不得不辞官回家。离开潍县时，老百姓扶老携幼拦路挽留。而他自己，两个小童，三头小驴，四个书箱伴随他返回了故乡。此后郑板桥客居扬州，倾心于笔墨书画之间，虽以卖画为生，但怡然自乐。

郑板桥一生只画兰、竹、石，自称"四时不谢之兰，百节长青之竹，万古不败之石，千秋不变之人"。他的诗书画，被世人称为"三绝"，是清代比较有代表性的文人画家。其青竹与幽兰已经成为他高洁人格的象征。代表作品有《修竹新篁图》《清光留照图》《兰竹芳馨图》《甘谷菊泉图》《丛兰荆棘图》等，著有《郑板桥集》。1765年，郑板桥逝世于家乡兴化，兴化的父老乡亲为他立了"才步七子"（意为其才华堪比"竹林七贤"）的匾额悬挂于城中的牌楼，以此为纪念。

郑板桥为官自律，教子也很威严。他共有十六封家书，被称为家书经典。在家书中，他训导子弟，要教育孩子忠厚守信、知礼重情。他做县令时，目睹农民疾苦，因此他教育家人，要同情农民，体恤百姓疾苦，以仁爱之心为人。他的家书就是郑板桥自己人生修养与人格境界的体现。

如《潍县署中与舍弟墨第二书》作于郑板桥在潍县任职之时，他晚年得子，甚是喜爱，但是，由于他在外当官，不在孩子身边教导，希望弟弟能帮助他管教。他告诉弟弟，切不可因为是兄弟的孩子就不好意思管教。小孩不能溺爱，要教他大仁大义的道理，让他明白爱要普及众人，人无高低贵贱之分。信这样写道：

余五十二岁始得一子，岂有不爱之理！然爱之必以其道，虽嬉戏玩耍，务令忠厚，毋为刻急也。平生最不喜笼中养鸟，我图娱悦，彼在囚牢，何情何理，而必屈物之性以适吾性乎！至于发系蜻蜓，线缚螃蟹，为小儿玩具，不过一时片刻便折拉而死。上帝亦心心爱念，吾辈竟不能体天之心以为心乎？我不在家，儿子便是你管束。要须长其忠厚之情，驱其残忍之性，不得以为犹子而姑纵惜也。家人儿女，总是天地间一般人，当一般爱惜，不可使吾儿凌虐他。凡鱼飧果饼，宜均分散给，大家欢嬉跳跃。若吾儿坐食好物，令家人子远立而望，不得一沾唇齿，其父母见而怜之，无可如何，呼之使去，岂非割心剜肉乎！夫读书中举中进士做官，此是小事，第一要明理做个好人。可将此书读与郭嫂、饶嫂听，使二妇人知爱子之道在此不在彼也。

这封信翻译过来的意思是：我五十二岁才有儿子，哪有不疼爱他的道理？但是爱孩子一定得有规矩方法，即使是孩子们在一块游戏玩耍，也必须让他忠诚厚道，不要苛刻峻急。我这辈子最不喜欢在笼子中养鸟，我贪图快乐，它在笼中，有什么情理，一定要让它委屈性情来适应我的喜好。至于用头发系住蜻蜓，用线捆住螃蟹，作为小孩的玩具，不到一会儿就拉扯死了。上天也有爱怜之心，我们竟然不能体谅上天对待万物的爱心吗？我不在家，儿子就由你管教。重要的是必须培养他的忠诚厚道之心，消除残酷冷漠的性情，不能以为他是我的儿子就放纵他。家中仆人的子女，也是天地之间一样的人，应该同样爱护尊重，不能让我的儿子欺负虐待他们。凡是给孩子们鱼肉果点等，都应该平均发放，使孩子们都高兴快乐。假如让我的儿子坐着独吞好吃的，而叫仆人的子女远远地站着观望而吃不上，他们的父母看见了爱怜他们，没有办法，只得叫孩子离开，这样做不是等于割心挖肉一样吗？读书中举以至做官，都是小事，最重要的是让他们明白事理，做个好人。你可以将此信读给两个嫂嫂听，让她们懂得疼爱孩子的道理在于做人，而不是做官。

这是郑板桥家书中比较著名的一篇。其中所表达的思想超越了同时代人。对于郑板桥来说，老来得子，应该是宠爱有加，但是他认为爱孩子要有一定的规矩，他所谓的规矩是首先是让他"忠诚厚道，不要苛刻峻急"。文中以郑板桥自己对动物的怜惜之情在申明要培养孩子对生命的尊重。"天生万物，父母养育子女很辛苦，一只蚂蚁，一条虫子，都是绵绵不断，繁衍出生。"郑板桥认为，这些动物都是与人类平等的生命，都要尊重，而不要击杀。他告诫弟弟，要让孩子"长其忠厚之情，驱其残忍之性，不得以为犹子而姑纵惜也"。这个教子观念在众多的家信中还是第一次出现。

家书中的第二内容，即要培养儿子人人平等的观念，要教导儿子平等待人。"家人儿女，总是天地中一般人，当一般爱惜也不可使吾儿凌虐他。"这里的"家人"是指家中的仆人，郑板桥认为，仆人也是天地间一样的人，要一样尊重，不可以欺辱虐待。所以他要求"凡是给孩子们鱼肉果点等，应该平均发放，使孩子们欢喜蹦跳。不可以让自己的儿子坐着独吞好吃的，而叫仆人的子女远远地站着观望。"这种人人平等的意识，在郑板桥所处的封建等级森严的年代是难能可贵的。

郑板桥在当时已经号称"诗、书、画三绝"，而且曾经官居七品，主政地方，可以称得上是社会名流，但是他从来没有把自己看得高人一等，总是谦和平等地待人。他也让弟弟教育孩子要宽厚仁爱，学会平等待人，有好东西要懂得与别人分享。

家书中的第三个内容，告诫弟弟，对孩子，真爱不是溺爱，读书中举做官都是小事，"第一要明理做个好人"。这是郑板桥教子的核心内容。培养孩子，并不只是要他读书做官，而是要做一个明事理的好人。郑板桥认为"好人"的标准是：品行宽厚善良，懂得敬畏生命，尊重生命；知礼懂礼，平等待人；这些都是为人的极高修养。郑板桥的教子理念是把孩子的品德修养教育放在首位。这在当时以至现在都有积极的意义。

对于教孩子读书，郑板桥也有自己的要求，他的《书信二·潍县寄舍弟墨三书》写道：

富贵人家延师傅教子弟，至勤至切，而立学有成者，多出于附从贫贱之家，而己之子弟不与焉。不数年间，变富贵为贫贱：有寄人门下者，有饿莩乞丐者。或仅守厥家，不失温饱，而目不识丁。或百中之一亦有发达者，其为文章，必不能沉着痛快，刻骨镂心，为世所传诵。岂非富贵足以愚人，而贫贱足以立志而浚慧乎！

我虽微官，吾儿便是富贵子弟，其成其败，吾已置之不论；但得附从佳子弟有成，亦吾所大愿也。至于延师傅，待同学，不可不慎。吾儿六岁，年最小，其同学长者当称为某先生，次亦称为某兄，不得直呼其名。纸笔墨砚，吾家所有，宜不时散给诸众同学。每见贫家之子，寡妇之儿，求十数钱，买川连纸钉仿字簿，而十日不得者，当察其故而无意中与之。至阴雨不能即归，辄留饭；薄暮，以旧鞋与穿而去。彼父母之爱子，虽无佳好衣服，必制新鞋袜来上学堂，一遭泥泞，复制为难矣。

夫择师为难，敬师为要。择师不得不审，既择定矣，便当尊之敬之，何得复寻其短？吾人一涉宦途，既不能自课其子弟。其所延师，不过一方之秀，未必海内名流。或暗笔其非，或明指其误，为师者既不自安，而教法不能尽心；子弟复持藐忽心而不力于学，此最是受病处。不如就师之所长，且训吾子弟不逮。如必不可从，少待来年，更请他师；而年内之礼节尊崇，必不可废。

又有五言绝句四首，小儿顺口好读，令吾儿且读且唱，月下坐门槛上，唱与二太太、两母亲、叔叔、婶娘听，便好骗果子吃也。

二月卖新丝，五月粜新谷；医得眼前疮，剜却心头肉。

耘苗日正午，汗滴禾下土；认知盘中餐，粒粒皆辛苦。

昨日入城市，归来泪满巾；遍身罗绮者，不是养蚕人。

九九八十一，穷汉受罪毕；才得放脚眠，蚊虫虼蚤出。

意思是：富贵人家聘请老师教育孩子，最诚挚最恳切，但是学业有成的，多数是跟从学习的贫贱家庭的孩子，而自己家的孩子则碌碌无为。过不了几年，由富贵变得贫贱：有寄人篱下的，有饿死的和乞讨度日的。有的仅仅守住他的家业，不失去温饱，但是目不识丁。或许一百个中也有一个发达的，他们写文章，必定达不到稳健而流利，遒劲而酣畅，铭刻在人心灵深处，被世人所传诵。难道不是富贵使人愚笨，贫贱使人立志，有努力的方向使人变得智慧吗？我虽然只是一个小官，但我的儿子也算是富贵人家的孩子，他的成败，我已暂且不论；如果能够让跟从学习的品学优秀的孩子有所成就，也算是我最大的心愿。

至于如何聘请老师，对待同学，不可不慎重。我的儿子现在六岁，在同学中年龄最小，对同学中年龄较大的当教他称某先生，稍小一点的也要称为某兄，不得直呼其名。笔墨纸砚一类文具，只要我家所有，便应不时分发给别的同学。看到贫寒家庭或寡妇的子弟，连十几个钱，用来买纸钉做写字本都没有的，应当体谅他们的难处，并在他们不知道的情况下帮助他们。如果遇到雨天他们不能马上回家，就挽留他们吃饭；如果已到傍晚，要把家中旧鞋拿出来让他们穿上回家。因为他们的父母疼爱孩子，虽然穿不起好衣服，但一定做了新鞋、新袜让他们穿上上学，遇到雨天，道路泥泞不堪，鞋袜弄脏，再做新的就非常困难了。

选择老师比较困难，而尊敬老师则更加重要。选择老师不能不审慎，一旦确定了，就应当尊敬他，怎么能再挑他的毛病呢？像我

们这些人，一进官场，就不能亲自教授自己的孩子读书。为孩子聘请的老师，不过是某一地方的优秀人才，未必是国内知名人士。学生有的暗中书写老师的过错，有的当众指责老师所讲有失误，这样会使老师内心惶惶不安，自然不会尽心尽力地教育学生；孩子们如果再有蔑视老师的想法而不努力学习，这就是最令人头痛的事了。与其如此，不如以老师的长处，姑且来教育弥补孩子们的不足。如果是老师不能胜任，也要稍作等待，到来年再聘请别的老师；而在老师任期之内的一切礼节待遇，一定不可随意废弃。

又有五言绝句四首，小孩子顺口好读，让我的儿子边读边唱，月夜下坐在门槛上，唱给两位祖母、两位母亲、叔叔、婶娘听，也让他讨点果子吃。

二月卖新丝，五月粜新谷。医得眼前疮，剜却心头肉。

耘苗日正午，汗滴禾下土。谁知盘中餐，粒粒皆辛苦。

昨日入城市，归来泪满巾。遍身罗绮者，不是养蚕人。

九九八十一，穷汉受罪毕。才得放脚眠，蚊虫虼蚤出。

这一封信与前一封信内容与精神一脉相承，这封信着重讲礼节，要教育孩子懂礼数。郑板桥强调自己虽然官职不高，但是孩子与他人相比较也算是生长在比较富裕的人家，一定要教育孩子不要有优越感。对同学，无论年长还是年少，都要尊敬人家，而且对于贫困人家的孩子，要给予必要的帮助。对老师，不要苛求。要教育孩子，学会以老师之长来补己之短，如果老师不能胜任，也要保留老师的尊严，等到聘期到了再解聘，另聘新老师。

信的结尾引用了几首古诗，前四句是晚唐聂夷中的悯农诗，揭露了晚唐社会农民在春天青黄不接的时节，为生存迫不得已借高利贷，二月还没到养蚕的时节，五月的稻子尚在青苗期，竟不得已抵押出去换来高利贷，这无疑等于是挖肉补疮啊！其内容是感叹民生之艰难，郑板桥的意思是让孩子通过对古诗的诵读来了解平民百姓的艰苦生活，以此来教育孩子对平民百姓要有同情心，珍惜自己的生活。

这两封家书所体现出来的郑板桥的教子观念超越了时代和他所处的官宦家，很具有现代感。对当今的家教仍有积极的指导和借鉴意义。

当今的家庭，多是独生子女家庭，孩子们都享受着祖父辈双重的宠爱，难免会养成一些坏习惯和毛病。但是往往被家长忽略。或者是家长很无奈，舍不得孩子吃苦，下不了狠心；或者心存侥幸，以为孩子大了，毛病就会改了。其实，这都是教育孩子的误区。对于孩子的教育宜早不宜晚，一旦个性或者毛病形成，是很难改掉的。郑板桥给弟弟写这两封信时儿子才六岁，在私塾中是最小的，但是郑板桥对儿子的要求很严格；而且他抓住了孩子教育的重点，即"明理做个好人"，至于"读书中举中进士做

官，此是小事"。他的好人标准除了第二封书信中提到的"品行宽厚善良，懂得敬畏生命，尊重生命；知礼懂礼，平等待人"之外，书信中还增加了尊敬老师和同学，热心帮助贫困的同学等；他要孩子懂得，比他年长的应该称呼人家为先生，年小的称呼为兄弟；这是为人的礼节，表达的是对同学的一份尊重；而对于老师，更不可无礼。难能可贵的是郑板桥已是当代文化名流，但是他能以仁厚之心来理解老师，"为孩子聘请的老师，不过是某一地方的优秀人才，未必是国内知名人士"。因此就以老师之长来补学生之短吧。即便不胜任，也不可随意解聘，这是对老师的礼貌，也是尊重。至于对贫苦家庭的孩子，施以帮助，更体现出郑板桥对百姓的同情，并以此传承于孩子，既让孩子懂得仁爱，又教育了孩子不可以有凌驾于百姓之上的特权意识和优越感。让儿子学诵古诗，在古诗中了解民情，又可以换糖吃，避免了枯燥空洞的说教，达到了寓教于乐的效果。

竹 石
郑板桥

咬定青山不放松，立根原在破岩中。
千磨万击还坚劲，任尔东西南北风。

这是一首寓意深刻的题画诗，竹子扎根破岩中，竹石经历了成千上万次的折磨和打击，依然坚韧挺拔，顽强地生存着。郑板桥赞美竹子坚定顽强精神的同时，还含蓄地表达了自己不怕任何打击的硬骨头精神，表达了自己绝不随波逐流的高尚思想情操。

总之，郑板桥的教子观念源于对中国传统儒家文化的深刻认知，对儒家文化中的仁、义、礼、智、信的坚守。他自己一生恪守儒家的"修身、齐家、治国、平天下"的信条，无论穷达，都能做到"咬定青山不放松""任尔东西南北风"。郑板桥给我们家长做了榜样，家长率先做到了修身，才能懂得对孩子的品德培养的重要，也才能给孩子树立一个典范。

如今，我们大力提倡的社会主义核心价值观中的友善、诚信、文明、和谐等内容也是对传统文化的一种弘扬和继承，我们应该像郑板桥一样，把这些内容贯穿于我们对孩子的教育中。

二十八、林宾日因材教子

> 因材施教还需家长解放思想，转变"学而优则
> 仕"的传统观念，正确理解"人尽其才"的内涵：
> 在各行各业都能成为精英，成才不是只有读名校一
> 条路。

因材施教是指针对孩子的性格、气质、兴趣、志向、爱好、能力等诸方面的具体情况以施予的不同教育方法。这种教育方法主要应区分孩子的个性差异，有针对性地教育。其内在的含义是：必须符合人的天性及其发展规律，必须兼顾孩子的特点，从孩子的实际出发，根据他们的特点施教，以此来调动孩子的积极性，发挥孩子的潜质，从而达到最佳的教育效果。这种教育方法始于孔子，已成为一种传统的教育教学方法，也是一种实事求是的教育理念，受到很多教育家的重视。著名教育家蔡元培对此有过论述："新教育……在得知儿童身心发达的程序，而择种种适当之方法以助之，如农学家之于植物焉，干则灌溉之，弱则支持之，畏寒则置之温室，需食则资以肥料，好光则复以有色玻璃；……绝不敢挟成见以从事焉。"

在中国历史上，因材施教的事例很多，为后来的教育提供了很好的范例。清朝民族志士林则徐的成长，就得益于父亲的因材施教。

林则徐的父亲林宾日是一位私塾先生，林则徐四岁的时候，夫妻受聘于家附近的一个罗姓人家教书。由于两家距离很近，父亲就每天带着林则徐去学堂。林则徐天生聪慧，很喜欢听孩子的读书声，听着听着，他自己也拿起了课本看，很快就认识了很多字。旧时的私塾对学生管教很严，学生不听话的，常常受到老师打手板等体罚。林宾日是一位开明的先生，他反对体罚学生，提出自己的观点：孩子不爱读书，应该耐心地把课本上的道理讲给他们听，打骂不是好办法。林宾日因此很受学生和家长的爱戴，学生也日渐多了起来。

小小的林则徐很自豪，也乖乖地跟在父亲后面学习。不知不觉，三年过去了。一天晚上，林宾日在看《宋史·李纲传》，就给林则徐讲了李纲的故事。李纲是两宋之际的抗金名将，靖康之乱，金兵入侵汴京时，李纲率兵多次击退金兵的入侵，多次给皇帝上疏，陈诉抗金大计。林宾日用李纲的事迹教育儿子，说："好男儿应该有远大志向，这位李钢忠贞报国，不惧生死，你就应该向他学习呀！"父亲还给他讲了宗泽、岳飞的故事。林则徐像大人一样表态说："爸爸妈妈，我一定听你们的话，将来也做一位英雄。"看到父母开心地笑了，林则徐接着说："不过，我现在有一个请求，要爸爸教我写文章。"父亲说："你还小啊，写文章再过几年吧！"林则徐说："写文章不应该看大小，我有自己的想法，您就告诉我怎么写就行了，我能写的。"父亲想到孩子经常会提出问题，有时还真有点自己的见解，就答应了。几个月之后，林则徐就能写出很好的文章了。这时有人对林宾日说，孩子这么小就写文章，该不会给孩子弄傻了吧？林宾日则笑着说："不会的，我这叫因材施教，我知道孩子的长处，我是根据他的特点来教他的。"

　　林则徐的成长证明了因材施教是一种有效的教育方法。

　　我们大家熟悉的叱咤风云的西楚霸王项羽，他的军事才干令世人称道，也得益于叔叔项梁的因材施教。项羽出生于一个世代为将的家庭，是叔叔项梁把他养大。项羽从小就力大过人，才气出众，叔叔对他寄予厚望。请来先生教他读书写文章，但项羽没有兴趣，无心学习。后来叔叔又请人教他舞剑，项羽也不用心学。叔叔问他："你到底想学什么呢？"项羽回答说："我想学习能够抵挡万人的本领。"项梁于是开始教项羽读兵书，学兵法，学战术，项羽对这些都非常感兴趣，而且学得很快，一点即通。他二十四岁那年，叔叔项梁就带他去了战场，项羽表现得非常英勇。当时在楚河汉界，他充分显示了自己的军事才能，一举击败了秦军。项梁就是抓住了项羽的性格特点和兴趣爱好，有针对性地培养教育，使项羽的才干得到了运用和发挥，加上自己的努力，终于成为盖世无双的一代英雄。

清代曾国藩教育孩子，也采用了这种方法，如，长子纪泽悟性很好，但不善于记忆，曾国藩对他的要求是：读书不强求背诵，而要求读懂、理解。他说："纪泽读书记性差，悟性极佳，若令其句句读熟，或责其不可再生，则愈读愈蠢，将来仍不能读完经书也。"所以，曾国藩为了发挥纪泽的长处，让儿子博览速看，一气呵成。他说："纪泽读《汉书》，须以勤敏行之，每日至少又须二十页，不必惑于在精不在多之说。今日半页，明是数页，又明日耽搁间断，或数年而不能毕一部。如煮饭然，歇火则冷，小火则不熟，须用大柴大火乃易成也。"

根据两个儿子的不同性格特点，曾国藩是这样做的："泽儿天质聪颖，但嫌过于玲珑剔透，宜从浑字上下功夫。鸿儿则从勤字上用些功夫。"曾国藩的因材施教，就是根据儿子的特点采取扬长避短的办法，收到了很好的效果，为两个儿子的成长打下了良好的基础。

在中国的教育史上，因材施教历来是备受推崇的一种教育方法，古代典籍中多有记载。《学记》中早就提出："教也者，长善而救失者。"孟子也说："君子之所以教者五，有如时雨化之者也，有成德者，有达财者，有答问者，有私淑艾者。"这是说：君子的教育方法有五点：有的像及时雨那样滋润万物，有的是培养道德的，有的是培养才能的，有的是解答疑问的，还有的是以学识风范感化他人使之成为私塾弟子的；都是根据不同人的特点而施教的。这些都是家长可以借鉴的。

清代教育家王辉祖在著作《双节堂庸训》中对因材施教做了进一步的阐释："子弟的天赋资质，绝对难以一致，师长应当就他们可造就的方面，采取委婉的办法教诲，使他们成才。如果硬是强迫他们去做自己难以做到的事，一定会把事情弄糟。"他还用了生动的比喻："大的木头用来做屋梁，细小的木头用来做屋椽，师长教育子弟也是这样。"

因材施教，首先要在家庭教育中实施，现在很多家长望子成龙心切，对孩子的期望值过高，并且互相攀比，喜欢用别人家孩子的长处来比自己孩子的短处。或者跟风，看到别人家的孩子考上北大或清华了，自家的孩子也一定要考上。别人家的孩子学钢琴，自家的孩子也不甘落后，也要学。别人孩子学外语，自己也给孩子找了个外语班，等等。其结果可能是适得其反，忽略了孩子的特点，可能会扼杀一个天才。而逼迫他去做不感兴趣或者做不好的事，无疑会使孩子产生厌倦而逆反，最终有可能一事无成。每一个孩子都有自己的特长和兴趣爱好，每一个孩子的成长之路也各有不同，不可能是一个模式。所以，家长在培养教育孩子过程中，要注意两点：一是在孩子还小的时候就细心观察，多与孩子平等沟通，了解孩子的兴趣爱好、性格特点；二是客观分析孩子的特长和智商，为孩子找准成长的路径，也就是说认准了孩子是什么"材料"从而因材施教。

因材施教还需家长解放思想，转变"学而优则仕"的传统观念，正确理解"人尽其才"的内涵：在各行各业都能成为精英，成才不是只有读名校一条路。

因材施教

有一次，孔子讲完学回到书房，学生公西华给他端上一杯水。这时，子路匆匆走进来，大声向老师讨教："先生，如果我听到一种正确的主张，可以立刻去做吗？"孔子看了子路一眼，慢条斯理地说："怎么能听到就去做呢？总要问一下父亲和兄长吧？"子路刚出去，另一个学生冉有悄悄走到孔子面前，恭敬地问："先生，我要是听到正确的主张应该立刻去做吗？"孔子马上回答："对，应该立刻实行。"冉有走后，公西华奇怪地问："先生，一样的问题，你的回答怎么相反呢？"孔子笑了笑说："冉有性格谦逊，办事犹豫不决，所以我鼓励他遇事果断。而子路逞强好胜，办事不周全，所以我就劝他多听取别人意见，三思而行。"

二十九、魏源借物寓意教子

　　魏源通过诗文借物寓意，生动形象，便于理解。这种家教方法运用起来方便易行，我们不一定写诗或文，可以通过给孩子讲故事、聊天等自然而灵活的方式进行。

　　魏源（1794—1857），字默深，清代的思想家。道光年间进士，官至高邮知州。

　　魏源是一个进步的思想家、史学家和坚决反对外国侵略的爱国学者。他积极要求清政府进行改革，强调："天下无数百年不弊之法，无穷极不变之法，无不除弊而能兴利之法，无不易简而能变通之法。"他着重于经济领域的改革，在鸦片战争前后提出了一系列改革水利、漕运、盐政的方案和措施，要求革除弊端以有利于"国计民生"，认为"变古愈尽，便民愈甚"。这些主张不仅在当时具有进步意义，对于后来的资产阶级维新变法运动起了积极的推动作用。

　　魏源从小就喜爱读书，七岁时跟从私塾老师刘之纲、魏辅邦读经学史，常常苦读至深夜。九岁时赴县城应童子试，考官指着画有"太极图"的茶杯要魏源对句"杯中含太极"。魏源摸着怀中两个麦饼对曰："腹内孕乾坤。"

　　嘉庆十二年（1807），少年魏源离开了苦读多年的家塾，怀着对未来的美好憧憬，来到了邵阳县城爱莲书院求学。

相传著名文学家周敦颐即在此种莲，他的传世名篇《爱莲说》就在此完成。其中名句"莲，花之君子者也"，即为爱莲书院起名之滥觞。爱莲书院的读书生活给魏源留下了珍贵的回忆，他在《答友人书院读书之邀》一诗中吟道："池莲应入梦，门柳正扶春。"魏源在岳麓书院的时间不长，但在学习期间，结识了一批良师益友，这对他后来的生活和事业都产生了重大的影响。

魏源在岳麓书院读书之余，常常漫步到爱晚亭，仰望岳麓山，赋诗抒情："日尽月野白，余晖在山顶。流水如有情，徊上襟领。野服欺松风，幽寻自人境。是时月未上，万象互光景。危云天际峰，斜霓天南影。天高人独立，溪急野逾静。冰鳞空水明，归翼凉烟引。咏归谢童冠，意行无远近。"（《晚步寻爱晚亭至岳麓寺》）这首诗有感而发。他一心攻读，积极储备，但读书时的心境是恬淡平静的。岳麓书院的短促岁月给魏源的一生打上了深刻的烙印，令他终生难忘。

> ### 岳麓书院
>
> 　　岳麓书院位于湖南省长沙市湘江西岸的岳麓山东面山下，是中国古代传统书院，也是中国历史上著名的四大书院之一。北宋开宝九年（976）潭州太守朱洞在僧人办学的基础上，由官府捐资兴建，正式创立。后经宋、元、明、清各代，历经千年，人才辈出，世称"千年学府"，现为湖南大学下属学院。

魏源晚年辞去官职，潜心学佛，法名承贯，辑有《净土四经》。咸丰七年三月初一（1857年3月26日），卒于杭州东园僧舍，终年63岁，葬于杭州南屏山方家峪。

嘉庆十五年（1810），魏源曾回到故乡，开馆授徒。因为他课教得好，"名闻益广，学徒踵至"。他以自己的人生经验给儿子写了几首诗，希望儿子能像他一样做一个有人格的人。其中《读书吟示儿耆》之三写道：

"君不见，猩猩嗜酒知害身，且骂且尝不能忍。飞蛾爱灯非恶灯，奋翼扑明甘自损。不为形役为名役，臧谷亡羊复何益！得掷且掷即今日，人生百岁驹过隙。月攘一鸡待来年，年复一年头雪白。得掷且掷即今日，人生百岁驹过隙。试问巫峡连营七百里，何如蔡州雪夜三千卒。"

"君不见，猩猩嗜酒知害身，且骂且尝不能忍。"意思是："你看，猩猩明知道喝酒伤害身体，但还是一边骂一边品尝，不能忍耐。"猩猩嗜酒是明代文学家刘元卿的一篇寓言。讲的是猎人知道猩猩嗜酒，设下陷阱，猩猩们因为贪酒，中了陷阱，结果一个个都被捉了。这篇文章警示读者，贪则智昏，不计后果；贪则心狂，胆大妄为；贪则难分祸福，祸必随之而至。

"飞蛾爱灯非恶灯，奋翼扑明甘自损"意为飞蛾喜爱灯火不厌恶灯火，奋起双翼甘愿牺牲自己也要扑向光明。"飞蛾扑火"是大家经常运用的成语，意为不自量力，或者说是为了追求光明。在此诗中，魏源用了称赞的意思，赞扬飞蛾甘心自损而奋翼奔向光明。

"不为形役为名役，臧谷亡羊复何益"中的臧谷亡羊，典故出自《庄子·骈拇》："臧、谷二人放羊，臧挟策读书，谷博塞以游，结果都把羊丢了。"比喻所做的事情不同但结果是一样的。常用来指单靠主观热情，结果好心办坏事。此句意思是：所以人不要被功名利禄所累，要爱惜自己的名声，做事要专心。不能做的事情偏要去做，结果有什么好处呢？

"月攘一鸡待来年，年复一年头雪白"意思是：坏习惯要等到来年再改正，这样年复一年，头发都白了。月攘（偷窃）一鸡，出自《孟子·滕文公下》里的故事：有一个人，每天都要偷邻居家一只鸡。有人劝告他说："这不是行为端正、品德高尚的人所拥有的道德。"他回答说："那就让我减少这种行为吧，（以后）每个月偷一只鸡，等到明年我就不偷了。"这个故事是讥讽那些明知做错了事还不改正的人。

"得掷且掷即今日，人生百岁驹过隙"，这两句是说，该摒弃、该改正的就应该今日就摒弃、改正，人生百年好像白驹过隙一样一眨眼就过去了。白驹过隙，出自《庄子·知北游》。本义指白色的骏马在缝隙前飞快地越过，人们多用这一词语比喻时间过得很快，光阴易逝。

"试问巫峡连营七百里，何如蔡州雪夜三千卒"，意思是：试问刘备在巫峡以连营七百里的办法安营扎寨，哪里比得上李朔雪夜带领三千精兵突袭蔡州的战略高明啊！

魏源的这首诗是在教育孩子要养成良好的品德，诗的每一句都在运用典故，借历史典故和猩猩、飞蛾等形象的比喻，来阐明一个深刻的道理，那就是人要勇于承认错误，知错就改。人生如白驹过隙，很短暂，如果小错不改，就有可能酿成大错，再没有机会改正了。

《读书吟示儿耆》之五

君不见，花时少，实时多，花实时少叶时多，由来草木重干柯。秋花不及春花艳，春花不及秋花健。何况再实之木花不繁，唐开之花春必倦。人言松柏黛参天，谁知铁根霜干蟠九泉。

其中的意思是：你看，花开的时间少，结果的时候多；花开结果的时间少，而长叶的时间多，自古以来，草木最重要的是树枝。秋天的花虽然没有春天的花艳丽，但春天的花比不上秋天的花健美。树木结果实的时候花已不再繁盛，开在大路上的花最让人感到春天的倦怠。人常说松柏苍翠高入云天，谁知道它还有铁杆一般的树根盘龙于地下呢。

这首诗是在教育孩子应有踏实肯干的治学精神，以花木的繁盛来说明人若要获得成功，要一步一个脚印，踏踏实实，不畏艰难，坚持长期的积累，才能成为有用的人才。所谓"千里之行，始于足下"，就是这个道理。

魏源的教子诗，其特点是生动形象，简易明了，便于理解。魏源以猩猩、飞蛾等说明人不能因循守旧、墨守成规，而应该珍惜光阴，知错就改。以春华秋实和苍松翠柏来说明做人应该脚踏实地，经受艰苦的磨炼，力图使孩子能成为人格与才能兼具的有用之人。

这种家教方法我们家长运用起来方便易行，我们不一定要写诗或文，可以通过给孩子讲故事、聊天等自然而灵活的方式进行。运用时需要注意三点：

一是要明确所谈问题，想要说明什么道理。这需要提前准备好。

　　二是选择恰当的所借事物，以什么事物做比喻，寓意是否形象生动。一般来说应该选择随处可见的，孩子经常看到的熟悉的事物，孩子容易接受，能够激发孩子的联想。

　　三是叙述事物时要把握事物的特征，挖掘事物与所要说明的问题之间的联系，道理自然蕴含其中，便于孩子理解和接受。

三十、曾国藩《家书》训子弟

　　曾国藩的家教家规极其严格，但他家教成功的因素更多在于他的言传身教。在教子的方法上，他善于以身作则，要求晚辈做到的，他都自己率先做到。

　　曾国藩（1811—1872），初名子城，字伯涵，号涤生，湖南湘乡人，中国晚清时期政治家、战略家、理学家、文学家、书法家，是中国近代史上最有影响的人物之一。

　　曾国藩出生在一个耕读家庭，自幼勤奋好学，六岁时入私塾读书。八岁时就能读四书五经，十四岁能读《周礼》《史记》。道光十八年（1838）考中进士。先后做过两江总督、直隶总督。

　　曾国藩一生著述颇丰，其中《曾国藩家书》流传最广、影响最大。从时间上，前后跨越了三十年，从数量上，一共有一千五百多封家书，家书所涉及的对象上至祖父母和父母，中至诸位兄弟，下至晚辈。所涉及的内容大到进德修业、经纬治国之道，小到人际关系、家庭琐事；其内容之丰富，使《曾国藩家书》不仅是一部家训著作，也是曾国藩一生为官理政、持家治学生涯的全面总结。

　　在晚清腐败的官场上，曾国藩修身律己，为官勤政廉洁，以礼治为先。不仅在官场上赢得世人的赞誉，在持家教子方面也取得巨大成功。

著名出版家钟书河先生说，曾国藩教子成功是一个事实。他持家教子主要侧重在十个方面：一、勤理家事，严明家规。二、尽孝悌，除骄逸。三、"以习劳苦为第一要义"。四、居家之道，不可有余财。五、联姻"不必定富室名门"。六、家事忌奢华，尚俭。七、治家八字：考、宝、早、扫、书、疏、鱼、猪。八、亲戚交往宜重情轻物。九、不可厌倦家常琐事。十、择良师以求教。

这些内容都体现在他的家书中，家书以平易简约的语言，灵活自由的书写形式，娓娓道出了曾国藩对诸弟及晚辈的殷切希望和严格的家庭规范。

如他给弟弟的信《致诸弟》：

余尝与岱云曰："余欲尽孝道，更无他事；我能教诸弟进德业一分，则我之孝有一分，能教诸弟进十分，则我之孝有十分，若作不能教弟成名，则我大不孝矣！九弟之无所进，是我之大不教也！惟愿诸弟发奋立志，念念有恒，以补我不孝不罪，幸甚幸甚！……岱云和易五近来亦有日课册，惜其识不甚超亘，余虽日日与之谈论，渠究不能悉心领会，颇疑我言太夸，然岱云近汲勤奋，将来必有所成。……何世名子甚好，沈潜之至，天分不高，将来必有所成，吴竹如近日未出城，余亦未去，盖每见则耽搁一大也，其世兄亦极沈潜，言动中礼，现在亦学倭艮峰先生，吾观何吴两世兄之资质，与诸弟相等，远不及周受珊黄子寿，而将来成就，何吴

必更切实。此其故，诸弟能直书自知之，愿诸弟勉
之而已，此数子者，皆后起不凡之人才也，安得诸
弟与之联镳并驾，则余之大幸。"

这一段话的意思是说：我常对岱云说："我想尽孝，没有什么
事比这个更重要。我能够教育弟弟们进修德业一分，那我就是真的
尽孝一分；能够教育弟弟们进步十分，那我就是尽孝十分了。如果
不能教弟弟们成名，那是我最大的不孝了。九弟没有长进，是我的
大不孝，只盼望弟弟们能发奋立志，持之以恒，来弥补我不孝的过
失，对我来说就是幸事了。……岱云和易五近来也有每天的课册，
可惜他们的见识不够超越，我虽然天天和他们谈论，但他们却不能
用心领会，还怀疑我说得太夸张。但岱云近来很勤奋，将来一定
会有所成就。……何世兄也一天天在长进，很沉着冷静，天分虽不
高，但将来必有成就。吴竹如近日没有出城，我也没去，见一次面
大约就耽误一天的时间，他的世兄也极沉着冷静。言行合乎礼仪。
现也从师于倭良先生。我看何、吴两位世兄的资质与诸弟差不多，
远不及周受珊、黄子寿。而将来有成就，何、吴更实在一些，因为
这个缘故，我写信你们自然知道我的意思。希望弟弟们互相勉励，
这几位都是后起不凡之人，如果弟弟们能与他们并驾齐驱，那是我
最大的幸事。"

这封信写于道光二十二年（1842），曾国藩入朝任职不久，是
一封普通的家信，信中提及了很多朋友，多是给予赞美之词。由此
可见曾国藩的修养，信中对诸弟要求比较严格，在叙事中对诸弟提
出学习上的要求，希望诸弟要见贤思齐，向积极上进的朋友兄弟们
学习，能有所成就。在此曾国藩把对诸弟的教导作为自己义不容辞

197

的责任，作为自己最大的孝道。颇有长者之风。

写于道光二十二年十二月二十日的另一封家书，也是写给诸弟的，信中写道：

> 黄子寿近作《选将论》一篇，共六千余字，真奇才也。子寿戊戌年始作破题，而六年之中遂成大学问，此天分独绝，万不可学而至，诸弟不必震而惊之。予不愿诸弟学他，但愿诸弟学吴世兄、何世兄。吴竹如世兄现亦学艮峰先生写日记，言有矩，动有法，其静气实实可爱。何子贞世兄，每日自朝至夕总是温书，三百六十日，除作诗文时，无一刻不温书，真可谓有恒者矣。故予从前限功课教诸弟，近来写信寄弟，从不另开课程，但教诸弟有恒而已。

> 盖士人读书，第一要有志，第二要有识，第三要有恒。有志则断不敢为下流；有识则知学问无尽，不敢以一得自足，如河伯之观海，如井蛙之窥天，皆无识者也；有恒则断无不成之事：此三者缺一不可。诸弟此时，惟有识不可以骤几，至于有志有恒，则诸弟勉之而已。予身体甚弱，不能苦思，苦思则头晕，不耐久坐，久坐则倦乏，时时属望，惟诸弟而已。

这封家书仍然是勉励诸弟学习，信中对黄子寿新作《选将论》很赞赏，称黄为奇才。但是曾国藩更希望弟弟们学吴世兄、何世兄。他在信中说："吴竹如世兄，现在也学艮峰先生记日记。言论有规矩，行为有法则，学习何子贞世兄，每天从早到晚，总是温书。三百六十天，除了作诗文外，无一刻不是温书，希望诸弟要有恒心。"

曾国藩认为，士人读书，第一要有志气，第二要有见识，第三要有恒心。有志气就不甘居下游；有见识就明白学无止境，就不会以一得而自满自足，如河伯观海、井蛙窥天，都是无知；有恒心就没有不成功的事。这三个方面，缺一不可。曾国藩希望弟弟们有志气、有恒心，不断自勉！

曾国藩的家教家规极其严格，但他家教成功的因素更多在于他的言传身教。在教子的方法上，他善于以身作则，要求晚辈做到的，他都自己率先做到。比如：他要求"除骄逸"，他说，"诚骄先诚吾心之自骄自满""子弟的骄傲，大多数是由于父兄时来运转，有幸当了大官，于是忘记了自己本领低、学识浅陋的事实，骄傲自满，以致子弟们也效法他们骄傲起来。可他们自己还没有感觉到。……要想禁止子弟们的骄傲，首先必须戒掉自己心中的骄傲自满，希望以此终生自勉吧！"

还有，曾国藩教育弟弟们眼光要长远，不要占他人便宜，道光二十六年，写给澄候、子植、季洪三个弟弟的家书中说："自庚子到京以来，于今八年，不肯轻受人惠，情愿人占的便益，断不肯我占人的便益，将来若作外官，京城以内，无责报于我者，澄弟在京年余，亦得略见其概矣，此次澄弟所受各家之情，成事不说，以后凡事不可占人半点便益，不可轻取人财，切记切记！"信中内容是说：曾国藩自从调到京城任职，已经八年了，从不肯接受别人的恩惠，情愿别人占自己的便宜，也决不去占别人的便宜。将来如果离开京城到外面任职，京城以内不会有人责备他不懂得报答别人。告诫澄弟，在京城已经一年多了，收了各家不少情分，已经过去就不提了，但以后凡事不可以占别人半点便宜，不可轻易接受别人的钱财，切记切记！

这是曾国藩为官所遵循的原则，正因为他不占别人便宜，不接受别人的钱财，不断修身律己，他才会平步青云，大胆开拓，对晚清政府的政治、军事、文化、经济都做出了卓越的贡献，得到了几代人的赞赏。

曾国藩的"修身之道"是贯穿家书的灵魂，他在咸丰七年（1858）十二月十四日写给弟弟曾国荃的信中写道："凡人作一事，便须全副精神注在此一事。首尾不懈，不可见异思迁，做这样想那样，坐这山望那山。人而无恒，终身一无所成。我生平坐犯无恒的弊病，实在受害不小。当翰林时，应留心诗字，则好涉猎他书，以纷其志。读性理书时，则杂以诗文各集，以岐其趋。在六部时，又不甚实力讲求公事。在外带兵，又不能竭力专治军事，或读书写字以乱其意。坐是垂老而百无一成。"讲的是读书要专心致志。

俗话说"长兄如父"，曾国藩对弟弟教诲入微，关爱备至。在他的严格教导下，他的几个弟弟都成为晚清的重要人物，其中曾国荃与左宗棠、李鸿章并驾齐驱。

曾国藩更是一位严父，他对子女的教育更为严格。要求他们立身处世，要合乎圣贤之道，要有积极进取的人生态度。他说："君子在下则排一方之难，在上则息万物之嚣。""人以懦弱无刚为大耻，故男儿自立，必须有倔强之气。"他自己立身处世，领兵为官，处处都表现出倔强之气。

他鼓励孩子努力治学，他说："只要有学问，就不怕没饭吃。"他教育孩子要有"坚忍之志"，他告诫孩子说："'坚忍有恒'四字，最为办事要着，勿畏难中辍，勿滋生弊窦，勿贻人口实。照此进行，何患不达目的？"这也是支撑曾国藩戎马生涯的精神力量。他自己说："李申夫尝谓余怄气不说出，一味忍耐，徐图自强，因引谚曰：'好汉打脱牙和血吞。'此二语是余平生咬牙立志之诀。"曾国藩一生不断经历险境，他就靠着坚忍而奋发图强，终成大业。他的处世与人生态度又一次给孩子做出了榜样。

> 其（曾国藩）本身清俭，一如寒素。官中廉俸，尽举以充官中之用，未尝置屋一廛（chán，平民住所），增田一区。疏食菲衣，自甘淡泊，每食不得过四簋（guǐ，古代食具）。
>
> 曾国藩坚持节俭，最爱穿着家人为其纺织的土布衣服，不爱穿绸帛。曾国藩升任总督后，其鞋袜仍由夫人及儿媳、女儿制作。每晚曾国藩夜阅公事，全家女眷就在麻油灯下纺纱绩麻。通常曾国藩每顿饭只有一个菜，"绝不多设"。

再如：他教育儿子要节俭，他自己也一直生活很俭朴，虽然官至总督，但是他"所有的衣服不值三百金"。他主张不把财产留给子孙，子孙不肖，留也无用；子孙图强，也不愁吃饭的途径。在修身立德、理家、为官等方面，曾国藩也处处以身作则，不仅自己如此，他还要求夫人、弟弟等也率先做到，带动家人树立良好的家风，为晚辈营造良好的成长环境，对晚辈起到了很好的示范作用。

他的孩子们也不负父亲的重望。两个儿子，长子曾纪泽是一位出色的外交家，曾代表清政府于1879年赴俄谈判，据理力争，收回伊犁南境地区五万平方公里领土，捍卫了中国领土主权，成为中国历史上卓有成就的外交家。次子曾纪鸿是当时著名的数学家。孙辈中的曾光铨，精通英、法、德、满多种语言，曾担任过清政府驻韩国和德国大使，后担任京师大学堂（今北京师范大学前身）译学馆总办，是著名的翻译家。曾光钧，二十三岁中进士。第四代曾约农、曾宝荪均为大学校长、著名的教育家。目前曾氏第五代、第六代遍布海内外，都学有所成，为各界的精英。

　　以身作则是家庭教育中一项重要的内容和方法，近代爱国将领朱庆澜把其称为是家教的"根本法"，他认为以身作则是决定家教成功与否的关键所在，"根本法子一错，什么（别的）教法都是无效的"。曾国藩家族能兴盛百年而不衰，并不是依靠财富与权势，而是在中国传统优秀文化的内涵上，曾国藩以身作则、言传身教的结果和严格而良好的家规家风所致。这是值得我们学习的。

三十一、以天下为己任的梁启超

梁启超对孩子的教育极其严格，他的"以天下为己任"的历史责任感，深深地渗透在孩子的教育培养中，让孩子们从小树立家国情怀，并且格外重视他们的学习。

梁启超（1873—1929），字卓如，号任公，广东新会人，清朝光绪年间举人，中国近代维新派代表人物之一。中国近代思想家、政治家、教育家、史学家、文学家。祖父梁维清，父亲梁宝瑛，都曾以士绅的身份参与乡政，在当地有一定的势力和影响。梁启超自四岁起居家就读，跟祖父识字。在早年所接受的启蒙教育中，梁启超不仅学到了不少传统的文史知识，而且还听到了许多慷慨悲壮的爱国故事。祖父经常给他讲述宋代和明代亡国的历史，教他朗诵爱国诗人的作品。这种具有爱国情感和思想倾向的课外教育，对梁启超有着重要影响。历代杰出人物忧国忧民的风范、舍生忘死的品格和顽强不屈的精神，在他幼小的心灵中深深地扎下了根。

所以，尽管他一生几度沉浮，但是爱国主义情怀始终不变。他自号"任公"，就是"以天下为己任"的意思。戊戌变法失败以后，他与康有为一起流亡日本，先后创办了《清议报》和《新民丛报》，继续倡导改良。袁世凯想要称帝，派人重金收买他，被他严词拒绝。他还发表文章揭露袁世凯的丑行。他也是近代文学革命运动的理论倡导者，新文化运动的倡导者。

他对孩子的教育极其严格，他的"以天下为己任"的历史责任感，深深地渗透在孩子的教育培养中，让孩子们从小树立家国情怀，并且格外重视他们的学习。他一生有九个儿女，每一个孩子都培养得非常成功。有三个是院士，其余也都成为名家。有留学在外的孩子，完成学业以后都已经回国，在不同的行业贡献自己的才智。其长子梁思成最为大家所熟悉，是我国著名的建筑学家，中国科学院院士，也是我国建筑研究的先驱者之一，建筑教育的奠基者之一。1912年，辛亥革命后，梁思成随父母从日本回国，在北京崇德国小及汇文中学（1912—1914）就学。1915年，入北平清华学校（清华大学前身），1923年毕业于清华学校高等科。1924年，和林徽因一起赴美国费城宾州大学建筑系学习，1927年获得学士和硕士学位，又去哈佛大学学习建筑史，研究中国古代建筑。

1928年3月21日，梁思成与林徽因在加拿大渥太华的中国总领事馆举行婚礼，之后赴法国考察建筑艺术。8月18日回国后，在沈阳东北大学任教，创立了中国现代教育史上第一个建筑学系。

对孩子的学习，梁启超有自己的认识，他曾给正在美国留学的梁思成写过一封家信，信中说道：

"思成再留美一年，转学欧洲一年，然后归来最好。关于思成的学业，我有点意见。思成所学太专向了，我愿意你趁毕业后一两年，分出点光阴多学些常识，尤其是文学或人文科学中之某部门，稍为多用点工夫。我怕你所学太专门之故，把生活也弄成近于单调，太单调的生活，容易厌倦，厌倦即为苦恼，乃至堕落之根源。

再者，一个人想要交友取益，或读书取益，也要方面稍多，才有接谈交换，或开卷引进的机会。不独朋友而已，即如在家庭里头，像你有我这样一位爹爹，也属人生难逢的幸福，若你的学问兴味太过单调，将来也会和我相对词竭，不能领着我的教训，生活中本来应享的乐趣，也削减不少了。

我是学问趣味方面极多的人，我之所以不能专职有成者在此，然而我的生活内容，异常丰富，能够永久保持不厌不倦的精神，亦未始不在此。

我每历若干时候，趣味转新方面，便觉得像换个新生命，如朝旭升天，如新荷出水，我自觉这种生活是极可爱的，极有价值的。我虽不愿你们学我那泛滥无归的短处，但最少也想你们参采我那烂漫向荣的长处（这封信你们留着，也算我自作的小小像赞）。

我这两年来对于我的思成，不知何故常常有异兆的感觉，怕也渐渐会走入孤峭冷僻一路去。我希望你回来见我时，还我一个三四年前活泼有春气的孩子，我就心满意足了。

这种境界，固然关系人格修养之全部，但学业上之熏染陶熔，影响亦非小。因为我们做学问的人，学业便占却全部生活之主要部分。学业内容之充实扩大，与生命内容之充实扩大成正比例。所以我想医你的病，或预防你的病，不能不注意及此。这些话许久要和你讲，因为你没有毕业以前，要注意你的专门，不愿你分心，现在机会到了，不能不慎重和你说。你看了这信，意见如何（徽因意思如何），无论校课如何忙迫，是必要回我一封稍长的信，令我安心。

这封信写于1927年，梁思成与夫人林徽因留学美国期间。梁启超惦记着儿子的学业，对于他们的学习，作为一个大学者父亲，自有他自己独到的见解。他的想法是：

第一，希望学习理工科的儿子多学一些人文方面的知识，多一些人文修养，多一些人文情怀。他担心梁思成单纯只学习建筑，会使自己知识面太过于狭窄，生活过于单调乏味。而且工作起来也会容易厌倦，这是梁启超从自己生活经历的切身感受出发给梁思成的忠告。梁启超并不是不赞同集中精力学好一门专业，但是人对知识的获取是多方面的，除专业之外，还应该博学，才会有开阔的视野。具有多方面的，特别是人文社科方面的修养，才能使人站得更高，生活的内容才会丰富多彩。其实，我们很多科学家都是多才多艺的，比如我们大家都非常崇敬的钟南山先生就是多才多艺的，他不但在医学领域取得了巨大成就，在运动等方面也非常突出。

第二，从日常生活和交友方面提示梁思成，学习兴趣广泛趣味多样，面对不同的社交朋友才会得心应手，从容不迫。"一个人想要交友取益，或读书取益，也要方面稍多，才有交谈交换，或开卷引进的机会。"其实，在字里行间透露了作为父亲的一份隐忧，梁思成的夫人林徽因是一个才华横溢、能诗善文、感情丰富的才女。梁启超内心有一丝担忧，如果儿子只是单纯地研究一门建筑，与林徽因之间的沟通交流恐怕会受影响，夫妻之间会少一些趣味。但是作为父亲，他不便明言，便以己为例，"像你有我这样一位爹爹，也是人生难逢的幸福，若你的学问兴味太过于单调，将来也会和我相对词竭。不能领着我的教训，生活中本来应享的乐趣，也削减不少了。我是学问趣味方面极多的人，我之所以不能专职有成者在此，然而我的生活内容，异常丰富，能够永久保持不厌不倦的精神，亦未始不在此。我每历若干时候，趣味转新方面，便觉得像换个新生命，如朝旭升天，如新荷出水，我自觉这种生活是极可爱的，极有价值的。"

梁思成对父亲的用意心领神会，不仅在建筑学上取得了突出的成就，而且也旁涉其他，积累了深厚的人文社科修养和功底，与林徽因相知相爱大半生。

在这封信的结尾，梁启超写道："这些话许久要和你说讲，因为你没有毕业以前，要注重你的专业，不愿你分心，现在机会到了，不能不慎重和你说。"梁启超虽然知道兴趣很重要，但是还要有主有次，在学习的紧要关头还是要专注于自己的研究方向。

> 梁启超毕生爱国，他的爱国思想也在潜移默化中影响着自己的子女，在他九个子女中，有七个曾到国外留学，面对当时处于战乱之中的中国，梁启超的子女们都义无反顾地放弃国外优越的生活条件，回到国内。
>
> 梁思礼在谈到父亲梁启超对他的影响时提到最重要的两点：爱国和趣味。他说，父亲从小就给子女讲南宋名臣陆秀夫怀抱少帝投海等爱国故事，长大后也教导子女要"爱国如家"，我们都传承了父亲的爱国基因，都有一颗爱国的心。

梁启超对孩子学习的独到见解和理念运用到孩子培养上，获得了成功。他的孩子除梁思成外，五子梁思礼是火箭系统控制专家，中国科学院院士。长女梁思颖毕业于日本女子师范学校，是诗词研究的专家，新中国成立后，曾任北京市东城区政协委员和中央文史馆馆员。次女梁思庄，著名图书馆学专家，曾任北京大学图书馆副馆长、中国图书馆学会副理事长。三子梁思忠，任国民革命军十九路军炮兵上校，参加了淞沪抗战，表现英勇。后因病去世。三女梁思懿，著名社会活动家，曾任山东省妇联主席，全国第六届政协委员。四子梁思达，也是著名的经济学家。

梁启超以他自己的文化修养及家族深厚的文化底蕴，培养了一个个杰出的人才，他教子的成功经验很值得我们学习。

三十二、铁骨柔情——鲁迅教子

鲁迅的教子方法很简单，与孩子平等相待，尊重孩子的天性，顺其自然，让孩子幸福度日，合理做人。

伟大的思想家、文学家、新文化运动的领导者之一，鲁迅（1881—1936），可谓老来得子。儿子周海婴出生时他已经四十九岁了，因此他非常疼爱小海婴，但是绝不溺爱，而是非常关心海婴的健康和教育。他说："无情未必真豪杰，怜子如何不丈夫。"他认为，做父母的，让孩子吃好穿好，使之身体好，这只是尽了父母"养"的责任，而最重要的责任是"育"，因此他特别重视对海婴的教育。小海婴很聪明，好奇心很强，经常向父亲提出一些幼稚的问题。鲁迅望着孩子那稚嫩的小脸，那充满渴望的明亮的眼睛，心里明白，这是一个喜欢探索、思维灵活、求知欲非常强的孩子，应该注重孩子心灵的启迪，满足孩子的好奇心。

一天，鲁迅下班回家，像往常一样，海婴扑到爸爸怀里，向爸爸提出问题："爸爸，你是谁养出来的呀？"鲁迅回答说："是我爸爸妈妈养出来的呀！"海婴接着问道："那你爸爸妈妈是谁养出来的呢？"鲁迅说："是他们的爸爸和妈妈养出来的呀。"随着问题的不断深入，小海婴眨巴眨巴眼睛，沉思了一会，突然又问爸爸，"那人是从哪里来的呀？"鲁迅看着儿子一副认真的样子，心里暗自好笑，但他不动声色地说："那是一个很长很长的故事，今天讲不完，等你长大了，上学了，老师就会告诉你了。你只要好好学习就行了。""那好吧！"小海婴噘噘嘴，带着一脸疑惑到一边玩去了。

还有一天晚上，已经熄灯准备睡觉了，黑暗中，海婴突然又问："爸爸，人会死吗？"爸爸回答说："会的，人老了，或者生病治不好，都会死的。"海婴想了想，又问："那是谁先死呢？是不是你先死，妈妈第二，我最后死呢？"鲁迅明白了，儿子这是按年龄的大小排序的呀！他回答说："是这样的。"海婴还没有满足，又接着问："那你死了，这些书怎么办？"爸爸说："留给你呀，这些书呀，都非常有用，你有时间呢，就慢慢读，它们会告诉你很多你想知道的事情，这是最值钱的家产了。"

就这样，小海婴经常提出一些大人意想不到的问题，鲁迅都一一进行解答，尽管有时孩子没有全部听懂，但是，鲁迅给孩子留下了一个又一个的悬念，也一次又一次地启发了孩子的思维，使孩子幼小的心灵就萌生了探索世界宇宙奥秘的想法，养成了不断思考、不断学习的习惯。

鲁迅从不打骂孩子，即使海婴调皮，做错了事，鲁迅也只是严厉地批评，让孩子自己知道所犯的错误，承认错误，告诉他应该怎么做。

从鲁迅对海婴的教育和培养，我们可以看到一个父亲对孩子的挚爱，他在1932年写的《答客诮》写道："无情未必真豪杰，怜子如何不丈夫。知否兴风狂啸者，回眸时看小於菟。"诗的前两句已经被人们广泛引用，其实后两句更有蕴意，"兴风狂啸者"和"於菟"都是指老虎，鲁迅的意思是：老虎虽然威风凛凛，虎视眈眈，但是它也有经常回眸深情凝望孩子的时候。可能因为鲁迅的文章太犀利，太有批判性，也可能因为鲁迅的神情太威严，很多人以为鲁迅只有严厉而缺少慈爱，然而从鲁迅对海婴的爱，可以看出鲁迅不仅仅是一位严父。他对海婴的爱，绝不是溺爱，而是一种具有很强责任感的父爱。他把海婴置于和

自己平等的地位，尽管海婴还是一个很小的孩子，但是在海婴提出问题时，鲁迅是以平等的态度认真地予以解答，利用孩子的童心认真地进行心智的启发，而决不因为海婴还小，随便应付了事，这是小海婴最受益的。

或许因为小海婴过早提出了关于生死的问题，提醒了鲁迅；或许是鲁迅对于死亡，早有心理准备。鲁迅关于教子的文字虽然没有流传下来，但是却有一封遗嘱，成为留给海婴的永远的"家书"。其内容一共有七条：

第一，不得因为丧事，收受任何人的一文钱，但老朋友的，不在此例。

第二，赶快收殓、埋掉、拉倒。

第三，不要做任何关于纪念的事情。

第四，忘记我，管自己的生活，倘不，那就真是糊涂虫。

第五，孩子长大，倘无才能，可寻点小事情过活，万不可去做空头文学家或美术家。

第六，别人应许给你的事物，不可当真。

第七，损着别人的牙眼，却反对报复，主张宽容的人，万勿和他接近。

这封"家书"出自于鲁迅的名为《死》的杂文，写作的时间是鲁迅去世前的一个月左右。短短的七条近似"遗嘱"式的"家书"，仍然还是鲁迅冷峻、沉稳、犀利的一贯文风，但是字里行间不乏对妻儿的柔情。"遗嘱"中，鲁迅提出丧事从简，不接受别人一文钱，而对于老朋友的真心慰问则另当别论；这是希望妻子和儿子远离世俗，保留自己的清高与节操。第四条中，是希望妻儿尽快摆脱悲伤，把他忘掉，母子俩坚强地开始新的生活，而且，为了减少亲人的痛苦，鲁迅有意把话说得很轻松，貌似轻松的笔触无不透露出鲁迅对妻子、对儿子的爱。

第五、六、七三条，是对儿子海婴而言，有父亲的期望，有父亲的嘱托；作为父亲，当然都希望孩子能成就大事业，成为"龙"，但是鲁迅更希望儿子能成为有品格、真实的人。对孩子的培养，鲁迅是冷静而现实的；父母的愿望只是父母的一厢情愿，孩子是否能成为"龙"，还需孩子自己的努力和天性。因为海婴还小，鲁迅还不能为儿子决断他的志向与前途，他尊重孩子的天性，不强加于孩子力所不能的事情，提倡顺其自然，做一个真实的人。而万万不能做徒有虚名而不务实的所谓的文学家和美术家。更不能把自己的一切寄托在别人身上，对于别人的承诺，不可当真。这是教导儿子要自立自强，不可有依赖别人的想法。对于交友，鲁迅更是爱憎分明，他一生刚直不阿，爱憎分明，对那些口是心非虚伪的人，他深恶痛绝，因此他特意嘱咐儿子，远离这些人。这些既是对儿子的嘱托，也是父亲的谆谆教诲，是一个父亲对孩子真正的爱。这些都是最值得我们现在家长学习和思考的。

鲁迅痛恨封建强权对儿童天性的扼杀，他于1926年写过一篇回忆性的散文《五猖会》，那是鲁迅七岁那年，有一天，他欢天喜地地要和母亲及家里的佣人一起坐船去外地看庙会，就是五猖会。他回忆那天的情景："昨夜预定好的三道明瓦窗的大船，已经泊在河埠头，船椅、饭菜、茶饮、点心盒子，都在陆续搬下去了。我笑着跳着，催他们要搬得快。忽然，工人的脸色很谨肃了，我知道有些蹊跷，四面一看，父亲就站在我背后。"接着，父亲一脸肃杀地叫鲁迅要跟他学习《鉴略》里的一段话。"两句一行，大约读了二三十行罢，他说：'给我背熟，背不出，就不准去看会。'母亲、工人、长妈妈即阿长，都无法营救，只默默地静候我读熟，而且背出来。"终于，七岁的鲁迅总算把刚刚学会的二三百字给背下来了。大家这才出发去看会。而鲁迅已经对那会没什么感受了。他只记得父亲要他背书，他失望、痛苦、郁闷至极。写《五猖会》时，鲁迅已经45岁了，父亲让他背书的郁闷和无力反抗的痛苦令他终生难忘。在《五猖会》里，鲁迅说："我至今一想起，还诧异我的父亲何以要在那个时候叫我来背书。"所以，他在《五猖会》里，并没有写令自己向往的五猖会的盛况，而是痛批了扼杀孩子天性的封建专制教育。鲁迅以自己的切身体会，懂得了应该怎样做父亲。

其实鲁迅早在1919年就在《新青年》上发表了一篇杂文《我们怎样做父亲》，当时鲁迅三十八岁，父亲的严厉和不近情理给鲁迅留下的心理阴影太大了。所以，他在文章中非常气愤地说："中国的圣人之徒，以为父对于子，有绝对的权力和威严；若是老子说

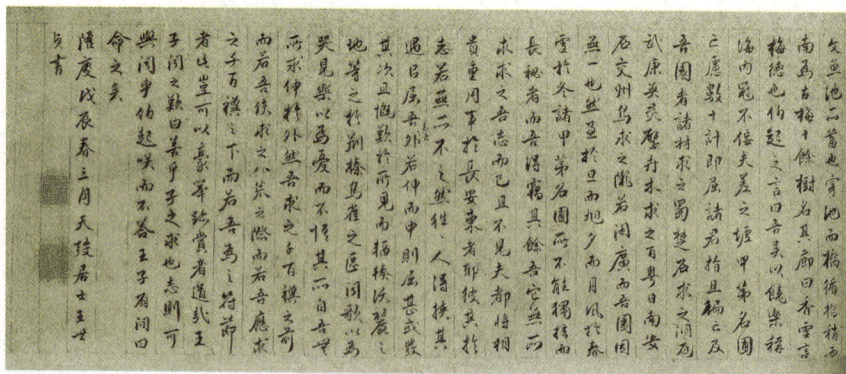

话，当然无所不可，儿子有话，却在未说之前早已错了。"对封建父权是多么尖锐的批评啊！

而鲁迅认为"父母对于子女，应该健全的产生，尽力的教育，完全的解放"，"长者须是指导者协商者，却不该是命令者"，"自己背着因袭的重担，肩住了黑暗的闸门，放他们到宽阔光明的地方去；此后幸福的度日，合理的做人"。这是鲁迅在旧中国的呐喊，他呼吁做父亲的应该摆脱旧思想的束缚，挣脱旧观念的枷锁，解放自己的孩子。因为，独有爱，是真实的。他说：我现在心以为然的，便只是"爱"。在鲁迅看来，父母之于子女，是天生的爱，不求回报，别无他求。所以，要放下威严，让子女幸福的度日，合理地做人。

鲁迅写这篇杂文时，还不曾做父亲，但是，以自己的切身体会，知道了应该怎样做父亲。因此，他对自己的儿子海婴，从不以父亲的威严训诫、打骂，而只是尽父亲的责任，让儿子幸福地度日，合理地做人。

1936年10月19日，鲁迅因病与世长辞。当时海婴只有七岁，但是父亲的关怀与嘱托，他牢记在心。在母亲许广平的精心呵护与抚养下，他健康成长，20世纪50年代，他考上北京大学学习无线电专业，1960年开始在国家广电总局工作，是我国知名的无线电专家。曾任全国政协委员，中国鲁迅研究会名誉会长。正如父亲所望，成为一个实实在在的人。2011年4月7日，周海婴在北京逝世。

鲁迅的教子方法很简单，与孩子平等相待，尊重孩子的天性，顺其自然，让孩子幸福度日，合理做人。

一个你所不知道的鲁迅

在人们固有的印象中，鲁迅似乎多是横眉怒目，是个"真的猛士"，他的文章如匕首，如投枪。但鲁迅对孩子却充满柔情，他是个尊重孩子、宽厚慈爱的好父亲。

萧红在《怀念鲁迅先生》里，也曾提到一件小事。当时鲁迅一家款待萧红，从福建菜馆叫了菜，其中有一碗鱼做的丸子。海婴一吃就说不新鲜，许广平不信，其他人也不信，因为大家吃的都是好的。只有鲁迅，却是把海婴碗里的拿来尝尝，果然是不新鲜的。鲁迅说："他说不新鲜，一定也有他的道理，不加以查看就抹杀是不对的。"后来海婴在回忆父亲鲁迅的文章里说："父亲很民主，就是这么一个婴儿，他也很尊重我将来的自主选择。"

三十三、在故事中成长的瞿秋白

以讲故事对孩子进行心灵的启迪，是一种简便易行的教育方式，可以扩大孩子的知识面，培养孩子的想象力，还可以培养孩子的是非观、正义感，培养良好的思想品行，可以激发孩子对文学的兴趣和增加文学感受力。

瞿秋白（1899—1935），本名双，后改瞿爽、瞿霜，字秋白，生于江苏常州。中国共产党早期主要领导人之一，伟大的马克思主义者，卓越的无产阶级革命家、理论家和宣传家，中国革命文学事业的重要奠基者之一。瞿秋白是在母亲的故事中长大的，母亲姓金，名璇，字衡玉。1875 年 9 月 27 日，金璇出生于一个书香世家，自幼在家接受良好的教育，23 岁时嫁到了瞿家，承担起主持家政的责任，瞿秋白是她的第一个孩子。

1904年，瞿秋白五岁的时候，开始在私塾里读书。这位私塾的老师只有十八岁，是第一次坐馆。私塾里的功课，开始是认字，接着是读"神童诗"。瞿秋白在入学之前，他的母亲就已经教他认字和背诵古诗了。像"床前明月光，疑是地上霜。举头望明月，低头思故乡"这样的诗已经背得滚瓜烂熟了。有一次，他背诵："昨日入城市，归来泪满襟。遍身罗绮者，不是养蚕人。"母亲问道：

"上城归来，为什么泪满襟？"秋白答道："这是因为养蚕的人穿不着绸，不养蚕的人满身都穿着绸。"母亲听了很高兴，抚摸着他的头说："读书能悟出其中的道理，这才是真读书。"又有一次，秋白听母亲讲古诗《孔雀东南飞》里的故事，他问道："刘兰芝和焦仲卿夫妻很要好，为什么婆婆不要她？这个婆婆真是可恶。"母亲听了不禁笑了，觉得孩子已经明白是非了。

幼年时，母亲每天都要给他讲一个故事，在睡觉之前，瞿秋白躺在床上，母亲坐在他身旁，拿着扇子，一边给他驱蚊子，一边给他讲故事，他最爱听母亲讲《聊斋》里的故事，母亲还给他讲三国和其他历史故事。在故事中，母亲告诉他什么是善良，什么是志向；他善于分析，能从故事里省悟出所蕴含的一些道理，这些都为他长大后成为著名的革命者打下了良好的基础。

心里装着穷苦人

瞿秋白上了小学高年级后，一些乞丐看到他就不停地叫他"少爷、少爷"。每逢这样的场合，他一面摸着袋子，把母亲平时给他的零用铜圆放到乞丐手里，一面对着年长的乞讨者说："你们就不要喊我'少爷'了，我可不是'少爷'！"并把自己的吃的也分给他们。

母亲还经常带瞿秋白到离常州城不远的农村舅父家和姑母家。这使他有机会接近旧中国农村和农民的孩子。他亲眼看到了农民的艰苦生活，很同情农民的孩子。有时和他们一起去玩耍、劳动、放牛、戽水和割稻子。有一次，他在舅舅家，跟邻家一个农民孩子去放牛。回来的时候，少了一件褂子。母亲问他把褂子丢到哪里去了，他低声说：送给邻家的孩子了，因为那个孩子穷得连一件褂子也没有。母亲听了，不再责怪他，反而对儿子的举动感到欣慰。

后来，瞿秋白的家庭经济情况发生了变化，原来祖父居住在他家，在杭州做官的伯父每年都补贴他家的生活费用。当这位伯父把祖父接到杭州去赡养以后，就不再补贴瞿秋白家了。他们家的生活也就日渐艰难了。母亲不堪生活的重压，一天傍晚自杀身亡。没有了母亲，家里的生活更加艰难，但是这些并没有压垮瞿秋白，反而更坚定了他发奋读书的意志，他克服了很多困难，取得了优秀的成绩。

1917年的秋天，瞿秋白考入了北京俄文专修馆学习。在学习期间，接受了中国共产党的教育，开始参加革命。1922年春，正式加入中国共产党。1923年，主编中共中央另一机关刊物《前锋》，参加编辑《向导》。1925年，成为中共的领袖之一。

不幸的是瞿秋白在1935年2月被国民党逮捕，6月18日英勇就义，年仅36岁。

瞿秋白的成长，离不开母亲的教诲，虽然母亲过早地离开了他，但是母亲那娓娓道来的生动故事，永远刻在了瞿秋白的心里。是母亲开启了他的心智，引导他走上一条正确的自立自强的革命道路。

以讲故事来对孩子进行心灵的启迪，是一种简便易行的教育方法，而且收效是显著的。这种方法可以随时利用任何闲暇的时间，如饭桌上，睡觉前，上学的路上等，这种方法可以扩大孩子的知识面，培养孩子的想象力。通过一些正能量的故事可以培养孩子的是非观念、正义感，培养良好的思想品行，还可以激发孩子对文学的兴趣，增加文学感受力，不失为家庭教育的好方法。

三十四、陶行知教子之法

学习要有疑问，要多提出问题，多角度、多侧面、多层次地提问题，探究问题，多动脑，多思考，带着问题学，才能深刻理解，才能有所收获。

陶行知被誉为孔子之后最伟大的教育家，1891年出生在黄山脚下安徽歙县一个贫苦农民家里，原名叫文濬，上学以后，他比较信奉知行合一，便改名为行知。他认为"知"与"行"的关系应该颠倒过来，"行"是"知"的来源，所以谓"行知"。

陶行知1917年从美国留学归来，立志投身中国的教育事业，要使全中国的人都受到教育。从此，他开始创办学校，潜心研究教育理论，不断进行教育实践；撰写了六百多万字的教育论著，构建了一整套的教育体系。他还写了很多有关教育的诗，来表达自己的教育思想，其中有一首《手脑相长歌》："人生两个宝，双手与大脑。用脑不用手，快要被打倒。用手不用脑，饭也吃不饱。手脑都会用，才算是开天辟地的大好佬。"这首小诗表达了陶行知的教育主张：儿童教育要提倡"手脑相长""教学做合一"，既动脑也要动手，反对学生"读死书，死读书，读书死"。他始终关注儿童教育，尊重儿童的创造力。

1946年7月25日，年仅五十五岁的陶行知因患脑溢血不幸逝世。他生前有一句名言："捧着一颗心来，不带半根草去。"这是他一生的真实写照。毛泽东给予他很高评价，称他为"伟大的人民教育家"。宋庆龄称他为"万世师表"。郭沫若给他写了一副对联："两千年前的孔仲尼，两千年后的陶行知。"

陶行知对自己儿子的教育方式灵活多样，他的大儿子陶宏，昵称小桃红；小桃红读高校时，陶行知给儿子写了一首诗《八个顾问》：

> 我有八个好朋友，肯把万事指导我。你若想问
> 真姓名，名字不同都姓何：何事、何故、何人、何
> 时、何地、何去、何如好像弟弟与哥哥。还有一个
> 西洋派，姓名颠倒叫几何。若向八贤常请教，虽是
> 笨人不会错。

陶行知先生认为，读书学习，就应该不断提出问题，这首小诗，生动幽默地表达了他的教育主张和学习方法，这是他长期教育实践的总结。他认为学习要有疑问，要多提出问题，多角度、多侧面、多层次地提问题，探究问题，多动脑，多思考，带着问题学，才能深刻理解，才能有所收获。

> 发明千千万，起点在一问；智者问得巧，愚者问得笨。
> ——陶行知《每事问》
> 这句话阐述了"问"的重要性，教育是要培养学生自主学习、质疑问难的能力。

这种学习方法在教学法中被称为"设疑善问"。早在宋代，

张载就提出"学则须疑",意为学习必须要有疑点。他认为:"所以观书者,释己之疑,明己之未达。每见每知所益,则学进矣。于不疑处有疑,方是进矣。"在张载看来,读书学习中,有疑点有问题是正常的,如果把疑点和问题都解决了,学习和认知自然就提高了,学习的目的就达到了。就好比行走,必须先问路一样,问清了道路才会行走自如。

因此,我们家长在教育孩子和指导孩子学习时,不妨运用"设疑善问法",帮助和引导孩子从不同的角度去提出问题,发现问题;特别是在帮助孩子了解社会人生、适应社会环境方面,家长应该以自己的人生经验和体会,启发孩子认识现实事物,在学习过程中自己学会带着疑问去思考问题,解决问题,从而提高孩子的理解能力和感悟能力,拓宽孩子的知识面。

三十五、徐悲鸿立志学画

> 任何事物都有它自身的发展规律，单纯靠良好
> 的愿望和热情是不够的，很可能效果还会与主观愿
> 望相反。培养孩子也不能急于求成。

1895年7月19日，江苏省宜兴县屺亭桥镇，一间临水而筑的简陋茅屋里，一个男婴呱呱坠地。孩子的父亲给他取名寿康，祈愿他健康长寿。这个名叫徐寿康的农家男孩，就是日后大名鼎鼎的画家、美术教育家徐悲鸿。

徐悲鸿的父亲徐达章，是当地一名小有名气的民间画家。但是他淡泊名利，从不与官场中人来往。耕种之余，徐达章就在镇上靠教学生和鬻字卖画来补贴家用。家里挂满了父亲的字画，幼小的徐悲鸿耳濡目染，对书画产生了浓厚的兴趣。他在六岁的时候，要求和父亲学画，却被父亲温和地拒绝了。有一次，父亲给他讲了一个故事：孔子的学生子路刚跟随孔子时，不爱学习，只想当个武将，还很傲气。孔子就想让他改掉这个毛病。一年春天，孔子带着弟子们到尼山游览，走到半山腰时，孔子突然喊大家下来，让子路去后山的小溪里取水喝。子路到了后山，来到小溪边，正要取水，突然感觉身后的树木在摇动，有一股凉风袭来，他猛一回头，发现一只老虎从草丛中窜了出来，向自己扑过来，子路纵身一跃，跳到一块

大石头的后面，老虎扑了个空，子路趁机抓住老虎的尾巴，使劲在手腕上绕了两圈，用力一拉，老虎挣断尾巴逃跑了。子路把老虎尾巴揣在怀里，提着水，非常得意地回来见孔子，想在孔子面前炫耀一番。可是，孔子看都没看他一眼，端起水就喝，子路按捺不住，问孔子说："老师，书上有没有打虎的方法呀？"孔子说："书上没有，不过我听说打虎的人分四个等级。"子路急忙问："哪四个等级？"孔子说："一等打虎按虎头，二等打虎揪虎耳，三等打虎抓虎蹄，四等打虎拽虎尾。"子路听了，很羞愧，悄悄地跑到山上，把虎尾巴扔掉了。回来孔子对他说："喜好仁义而不喜欢学习，其弊端就是愚昧；喜好机智而不喜欢学习，其弊端就是放荡；喜好信用而不喜欢学习，其弊端就是谬误；喜好直率而不喜欢学习，其弊端就是偏狭。喜好勇敢而不喜欢学习，其弊端就是祸患；喜好刚劲而不喜欢学习，其弊端就是狂妄。"子路明白了老师的用意，以后就一心一意地专心学习，最终成为孔子的得意门生。

徐达章给儿子讲这个故事的用意是想让儿子好好学习，可是徐悲鸿却念念不忘那只老虎，不知道老虎长什么样子。于是他就找别人给他画了一只老虎，然后他就照着这只虎，把它描了下来。他高兴地拿给父亲看，父亲看着画，哈哈大笑，问徐悲鸿："你画的是什么呀？""是老虎啊！"徐悲鸿回答说。父亲笑着："这哪是虎呀，我看像条狗。"徐悲鸿被父亲泼了一盆冷水，差一点流出眼泪。

父亲见他学画心切，就和蔼地和他说："画画需要用眼睛去观察生活和现实中的事物，你没有看见过真老虎，所以就画不出来真老虎的样子。你现在还小，没到学画的时候，现在你的任务是好好读书，学习文化，有了丰富的文化知识，画画才有根基。"

徐悲鸿听从了父亲的教导，开始认真读书，到了九岁时，他已经读完了《诗经》《尚书》《礼记》《周易》《左传》和"四书"。这时父亲觉得他的文化知识有了一定的积累，于是同意开始教他学画。刚开始父亲让他每日临摹一幅人物画，并学设计。父亲还叮嘱他，画，是生活的体现，一定要多体验社会生活。父亲还经常带他去观察大自然，让他感受自然的美。

徐悲鸿生活的时代，中国社会正处于西方列强入侵，清王朝封建政权极其腐朽的动乱之中，自然灾害也不断袭来，人民生活极为艰难。父亲徐达章一生淡泊名利，生活一直很清贫，徐悲鸿很小就不得不和父亲一起承担起家庭的担子，每天与父亲一起下田劳动。1908年，徐悲鸿的家乡连降暴雨，庄稼颗粒无收。徐悲鸿只好跟着父亲到邻近的县镇鬻字卖画，以维持全家生计。

流浪江湖的卖画生活使徐达章身染重病，徐悲鸿扶着全身浮肿的父亲回到了家乡。不久，父亲病逝，家里却无钱安葬父亲，靠热心的朋友帮忙才办完丧事。从此徐悲鸿一个人担负起了全家的重担。刚刚十九岁的他真正体会到了生活的艰辛和人世的苍凉。

在当时贫穷的农村，靠画画很难维持生活，为了养家，他决定去上海寻找出路。1915年夏末，当时著名学者徐子明先生推荐他去商务印书馆，找《小说月报》主编恽铁樵。本来恽铁樵看了他的几幅作品之后，答应让他为中小学教科书画插图。但第二天，徐悲鸿却被告知国文部的主事人认为他的画不合格，徐悲鸿的满腹希望被彻底浇灭了。他甚至想到了死。

幸亏商务印书馆里的小职员黄警顽把徐悲鸿带到了自己狭小的宿舍，使徐悲鸿有了安身之地。从此，他更加努力地学画，学文化。

1919年3月，徐悲鸿考入巴黎高等美术学校；1920年冬，被法国最享盛名的画家达仰收为学生。

1926年3月，他从上海抵达巴黎继续学习。1927年4月，他学成回国，不久，应聘为中央大学艺术系教授。1929年9月，他受聘为北平艺术学院院长。他大胆提出了革新绘画技法的主张，提倡学习西方的一些优秀技法，在用人方面主张不拘一格，敦请木匠出身已经67岁高龄的画家齐白石担任教授，并亲自编辑出版了齐白石的第一部画集。

1933年开始，徐悲鸿陆续在法国、意大利、比利时、德国柏林和法兰克福举办个人作品展览。1934年8月载誉归国。

1949年新中国成立前夕，徐悲鸿向毛泽东提出了以《义勇军进行曲》代国歌的建议，在第一次中国人民政治协商会议上正式通过。周恩来总理亲自任命徐悲鸿为中央美术学院院长，不久，他又当选为全国美术家协会主席。

徐悲鸿的成功，得益于父亲的指导和教育。父亲对他的教育是很用心，也是很科学的，是一个循序渐进的过程。

徐悲鸿秉承了父亲的天赋，加上父亲对他耳濡目染的影响，使他幼小就对绘画产生了浓厚的兴趣，但是父亲并没有急于让他学画，而是让他先读书，积累文化底蕴。父亲深知绘画虽然是一门艺术，更是一种文化与修养的再现；没有文化和生活，画出来的画就缺少神韵。所以父亲指导徐悲鸿读书，他所读的书，都是儒家传统文化中的经典，孔子早就说过："不读诗，无以言。""不学礼，无以立。"通过读书，徐悲鸿不仅获得了文化知识，而且还从这些书中获取了儒家文化中的精华，为他学画打下了牢固的基础。

其次，父亲指导徐悲鸿体验生活，接触社会。从徐悲鸿画虎的故事入手，引导他要目见实物，接近自然，这样画出来的东西才能够达到形似。为了家庭的生计，徐悲鸿常常跟随父亲到田里干活，亲自体验农村的劳动，在劳动中徐悲鸿不仅仅体会到劳动的艰辛，还在自然和劳动中接触了社会，耳濡目染的一切都加深了他对社会与人生的认识。这为他的绘画，特别是中国画的成功积累了深厚的底蕴，为他的画能形神兼备打下良好基础。

徐悲鸿体验生活

徐悲鸿画的马气势雄壮，显示出巨大的力量，仿佛奔腾在一望无际的原野上。为了画好奔跑的马，徐悲鸿常常跟在马车后面，仔细观察马跑动的样子。有一次，他只顾观察，追着马跑，没有注意脚下，狠狠地摔倒在地上，手、脚、脸都擦破了。他爬起来，又继续追赶。他整天沉浸在马的世界里，墙上贴满马的画，几乎每天都要画马。功到自然成，徐悲鸿终于获得了成功。他画的骏马图成了世界公认的艺术珍品。

徐悲鸿的成长给我们的孩子教育提供了很好的经验，特别值得一些希望孩子成为艺术家的家长借鉴。孟子曾经给我们讲过一个故事：春秋时有一个宋国人，总是担忧他的禾苗长不高，就去田里，把种在地里的禾苗往上拔，一天下来虽然疲劳但是也很满足，回到家就对他的家人说："今天可把我累坏了，我帮助禾苗长高了！"他儿子听说后急忙到地里，一看，禾苗都枯萎了。

这个故事告诉我们，任何事物都有它自身的发展规律，单纯靠良好的愿望和热情是不够的，很可能效果还会与主观愿望相反。这就是"欲速则不达"。因此，必须遵循客观规律去发挥自身的主观能动性，才能把事情做好。培养孩子也是一样的，我们很多家长望子成龙心切，因而急于求成，不惜重金让孩子参加各种辅导班，却忽视了孩子的最基本的文化知识积累和基本功训练，如同拔苗助长，结果只能适得其反。

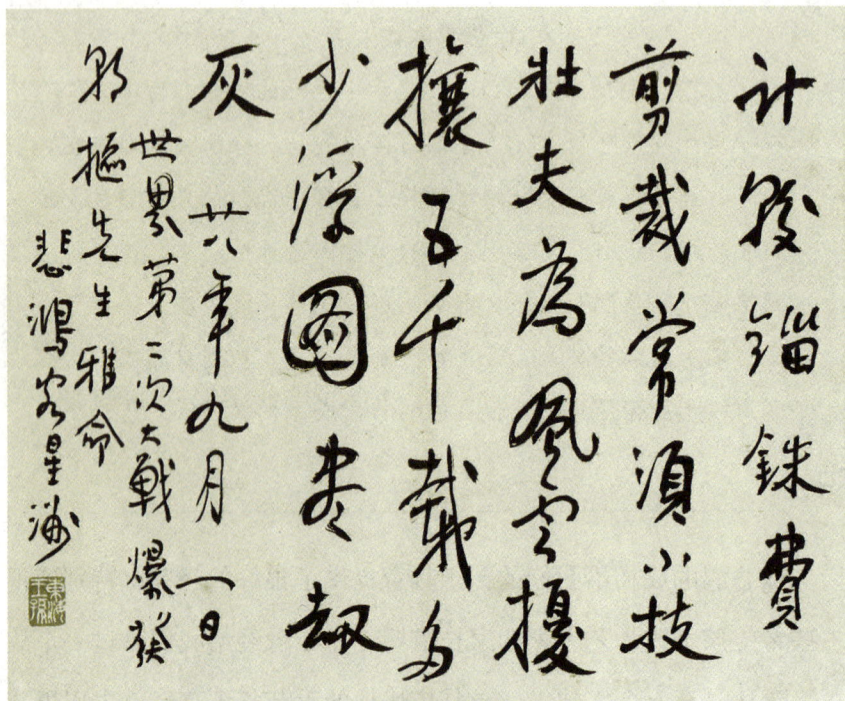

228